化工原理课程设计

主　编　宋　红　史竞艳

华中科技大学出版社
中国·武汉

内 容 提 要

本书为高等院校应用型化工人才培养丛书之一，适用于化工、石油、生物、制药、食品、环境等相关专业。《化工原理课程设计》共4章，内容包括：绪论、换热器的设计、板式精馏塔的设计、填料吸收塔的设计。本书详细讲解化学工程的相关理论知识、选编设计实例、分析计算过程、绘制CAD图纸，并提供《化工原理课程设计练习册》模板，方便教师和学生使用。

本书可作为化工原理课程设计的教材，也可作为化工相关专业毕业设计、分离工程课程设计、化工工艺课程设计、化工原理课程教学等参考资料，还可作为化学技术人员和生产管理人员的参考用书。

图书在版编目(CIP)数据

化工原理课程设计/宋红，史竞艳主编. —武汉：华中科技大学出版社，2022.2
ISBN 978-7-5680-7736-1

Ⅰ. ①化…　Ⅱ. ①宋…　②史…　Ⅲ. ①化工原理-课程设计-高等学校-教材　Ⅳ. ①TQ02

中国版本图书馆CIP数据核字(2022)第027818号

化工原理课程设计　　宋　红　史竞艳　主编
Huagong Yuanli Kecheng Sheji

策划编辑：汪　粲
责任编辑：余　涛　李　昊
封面设计：原色设计
责任校对：刘　竣
责任监印：周治超
出版发行：华中科技大学出版社(中国·武汉)　　电话：(027)81321913
武汉市东湖新技术开发区华工科技园　　邮编：430223
录　　排：华中科技大学惠友文印中心
印　　刷：武汉科源印刷设计有限公司
开　　本：787mm×1092mm　1/16
印　　张：13.75
字　　数：260千字
版　　次：2022年2月第1版第1次印刷
定　　价：49.80元(含练习册)

前　　言

化工原理课程设计是化学工程与工艺及相关专业的一门重要的实践课程。该课程既是对化工原理课程理论知识的巩固和应用，又是对先修课程所学知识的一个综合应用实训。

本书结合编者在化工企业的工作经验、高校教学经验，并参考同类教材的基础上编写而成。本书突出工程实用性，既注重理论性，又注重实践性、综合性，力求将理论与实践相结合，重点介绍典型化工单元设备的设计原理、设计内容和方法。每个设计实例都附有详细的计算过程、CAD 图纸以供读者参考。同时，编写《化工原理课程设计练习册》模板，配套教材一起使用，从而节省教学时间，提高教学效果，方便教师和学生使用。

本书一共有 4 章。第 1 章绪论部分阐述了课程设计的目的、内容、步骤、要求，工艺设计图绘制以及物性数据的查取和估算。第 2 章换热器的设计、第 3 章板式精馏塔的设计、第 4 章填料吸收塔的设计均详细介绍各种设备类型、设计与选型原则、工程案例的详细设计过程、辅助设备的设置以及绘制设计图纸；每个设计均有配套练习册可供使用。附录部分提供了相关的规范、标准、物性参数等。

本书由武汉生物工程学院宋红、史竞艳担任主编，由王金担任全书整理校对工作。第 1 章绪论由武汉生物工程学院史竞艳编写，第 2 至 4 章、附录及《化工原理课程设计练习册》由武汉生物工程学院宋红编写。

本书可以作为高等学校化工原理课程设计的教材，亦可供化工行业从事科研设计与生产管理的工程技术人员参考。

由于时间仓促，编者学识水平有限、经验不足，书中难免存在不妥之处，恳请各位读者批评指正。

编　者

2022 年 1 月

目　录

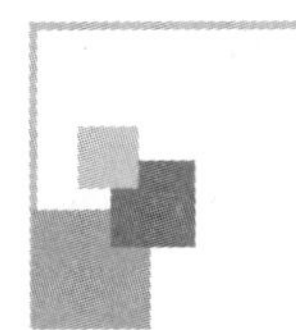

1 绪　论

1.1 化工原理课程设计的目的及要求

化工原理课程设计是进一步巩固、加深和运用化工原理课堂理论教学和实验教学的基本知识、基本理论和基本技能，联系化工生产实际，以完成某种具体单元操作设计为目的的实践性课程。通过化工原理课程设计的学习，重点培养学生以下几个方面的能力。

1. 综合运用所学知识进行化工设计的能力

化工原理课程设计需综合运用普通化学、化工原理、化工原理实验、工程制图、AutoCAD等多门学科知识和技能来完成化工过程中某一单元操作设备设计；同时，要求学生熟悉化工设计的主要程序和方法，能够将所学知识有机结合起来，正确运用于具体的设计要求，完成规定设计任务。因此，每一次完成设计任务都是对学生综合运用所学知识，进行化工设计的一次全面训练。

2. 通过独立思考分析和解决工程实际问题的能力

课程设计不同于平时作业，在设计中学生需独自确定方案、选择类型、查阅资料、计算参数，并对选择结果进行论证和核算，同时在兼顾技术上可行性、经济上合理性和安全上保障性的基础上，通过反复分析比较，选择最优设计方案。在课程设计中往往会涉及众多理论公式、经验公式、半理论半经验公式，且每个公式均有其相应的应用范围和条件，这也要求学生能通过独立思考准确无误地选择公式。针对设计任务中缺少的工艺条件和数据，学生还应利用相关手册去查找，这些都是对学生通过独立思考来解决工程实际问题的锻炼。

3. 培养实事求是的科学态度和严谨认真的工作作风

课程设计涉及大量的工程或工艺计算，任何一个工艺过程、任何一台设备的选型，都必须进行计算，在计算结果不满足核算要求时，还需反复调整参数，直至数据合理。因此，设计过程是一个不断试错的过程，学生要有接受失败的准备和战胜失败的信心。遇到失败时，学生需要做到不气馁，严肃认真对待，积极迅速调整状态，坚持实事求是的科学态度和严谨认真的工作作风。

4. 提高工程绘图的能力

设计完成后，要求学生用图纸来清晰表达自己的设计思想和计算结果。绘图中如何选择图纸大小、如何运用虚实线、如何标注尺寸等基础知识和技巧的正确运用，这些也是对学生工程绘图能力的锻炼和考察。

1.2　化工原理课程设计的内容及步骤

1.2.1　化工原理课程设计的基本内容

化工原理课程设计的基本内容主要有以下几个方面。

(1) 设计方案的确定：对给定或选定的工艺流程、设备形式等进行简要论述。

(2) 主要设备的化工工艺及结构计算：包括物料衡算、能量衡算、工艺参数的选定、设备主要工艺尺寸的确定等。

(3) 典型辅助设备的选型和计算：包括辅助设备型号规格的选定和主要工艺尺寸的计算。

(4) 工艺流程图的绘制：以单线图的形式绘制，标出主体设备与辅助设备的物料流向、物流量、能流量和主要化工参数测量点。

(5) 主体设备装配图的绘制：图片应包括设备的工艺尺寸、主要零部件的结构尺寸、技术特性表和接管表等。

(6) 设计说明书的编制：设计说明书中应包括所有论述、原始数据、计算、表格等。其顺序如下：

①标题页；

②设计任务书；

③目录；

④设计方案简介；

⑤工艺流程草图及说明；

⑥工艺计算及主体设备设计；

⑦辅助设备的计算及选型；

⑧设计结果汇总一览表；

⑨设计评述；

⑩附图(工艺流程简图、主体设备工艺条件图)；

⑪参考资料。

1.2.2　化工原理课程设计的基本步骤

课程设计的基本步骤如下。

(1) 准备工作:认真阅读设计任务书,明确设计任务。根据任务要求调研生产实际,收集现场资料,查阅技术素材,了解与设计任务相关的典型装置的工艺流程、主体设备结构、辅助设备以及测量控制仪表的装配情况等,为下一步的设计工作做好准备。

(2) 确定设计方案,绘制工艺流程图。

(3) 进行工艺设计计算。

(4) 进行设备的结构设计,绘制主体设备的总装配图。

(5) 进行附属设备的设计计算和选型。

(6) 编写设计说明书。

1.3 化工原理课程设计的组织与成绩评定

1.3.1 课程设计的组织

为保障设计顺利开展,课程设计一般安排在先修课程普通化学、化工原理、AutoCAD、工程制图完成后开设,具体安排学期和周次视各校情况确定。

设计小组一般由 2～4 名学生组成,组员要分工协作、群策群力,确保任务圆满完成。

设计进程包括以下几个阶段。

(1) 动员阶段:包括完成学生分组与下达设计任务。

(2) 准备阶段:包括查阅资料及现场采集数据等。

(3) 设计阶段:包括相关设计计算、绘图和撰写设计说明书等。

(4) 成绩评定阶段:提供评分细则,记载学生上课考勤、设计进程。

1.3.2 成绩评定

化工原理课程设计在工科类高等院校通常列为考核科目,成绩按百分制或学分制计算。可采取“平时表现＋设计说明书＋图纸＋答辩”的综合评定方式,以确保成绩公平、客观。整个设计重点考察论述、计算、绘图三个方面。其中,论述应观点鲜明,分析合理;计算应方法正确,计算公式准确,符合要求;绘图应与计算结果一致,能清晰表达设计思想。提倡学生在设计时进行多种方案的选择,或选择教材之外的更新、更准确的计算公式和方法,鼓励学生尽量利用计算机软件处理数据,从而提高设计的高效性和正确性。

1.4 工艺设计图

在单元操作设备的工艺设计过程中,为简单直观地表达设计思路以及所选定的工艺流程、主设备的工艺尺寸及技术要求，通常需绘制工艺设计图，最终随设计说明书一起提交。工艺设计图纸包括带控制点的工艺流程图及设备工艺条件图。

1.4.1 工艺流程图

带控制点的工艺流程图是一种示意性图样，是以形象的图形、符号、代号表示工艺流程中所使用的设备、仪表、阀门以及管路等在内的系统流程图，以此来表达生产中物料及能量的变化始末、操作技术参数以及主设备在工艺流程中的上、下层衔接关系。

工艺流程图的绘制步骤及要求如下。

(1) 用细实线(0.3 mm)画出设备及阀门等简单外形，通常按 1∶100 或 1∶50 的比例绘制，原则上按自左向右布置设备；当设备尺寸过大或过小时，可适当放大或缩小。一般情况下不标注设备尺寸，也不标注设备的支脚、支架和平台等。

表 1.1、表 1.2 所示的是常见设备外形及阀门等示意图，表 1.3 所示的是单元设备的分类代号。对无示例的设备可象征性绘出其外形，表明设备的特征即可。

表 1.1　常见流程图设备外形图例

类　别	代号	图　例
塔	T	填料塔、板式塔、喷洒塔
换热器	E	换热器（简图）、固定管板式换热器、U形管式换热器、浮头式换热器、釜式换热器、套管式换热器

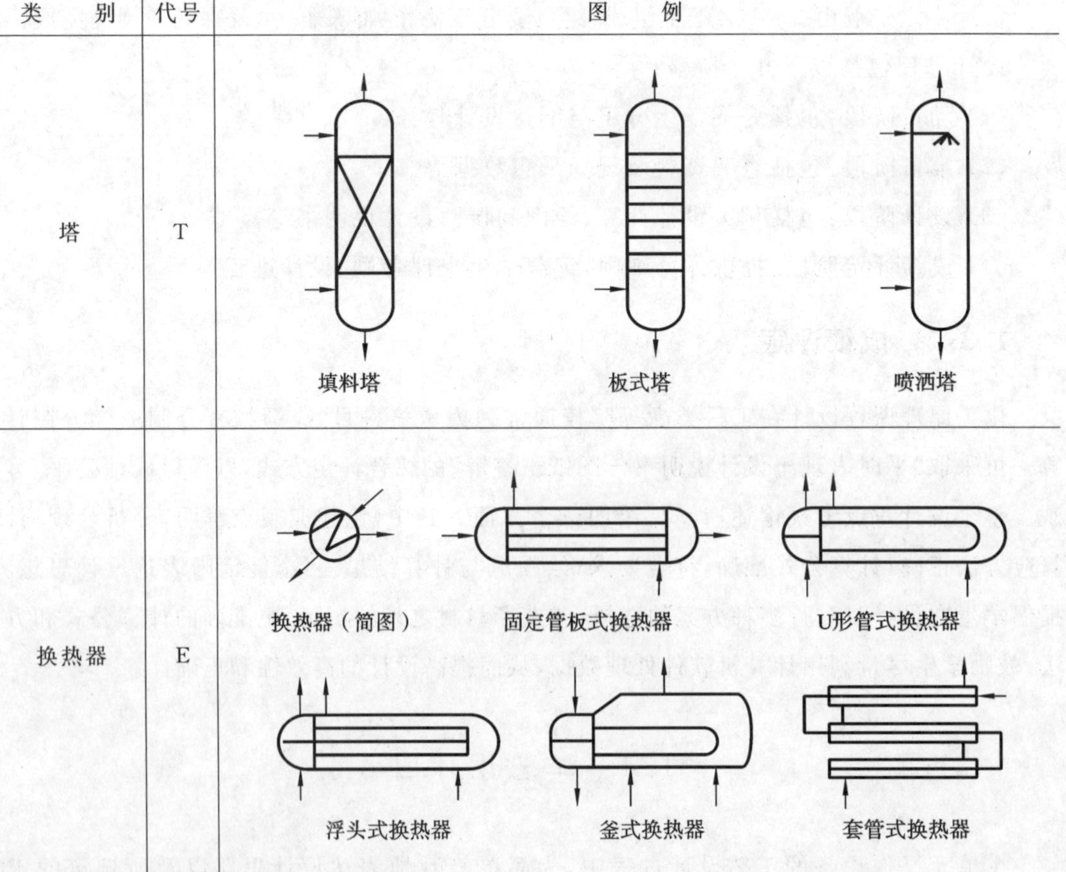

续表

类别	代号	图例
工业炉	F	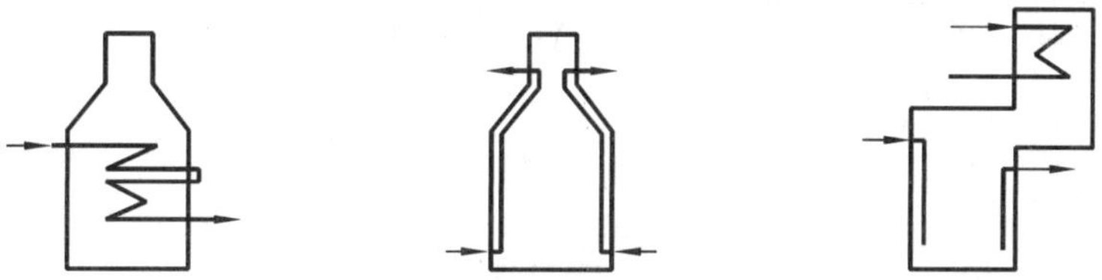 圆筒炉 圆筒炉 箱式炉
容器	V	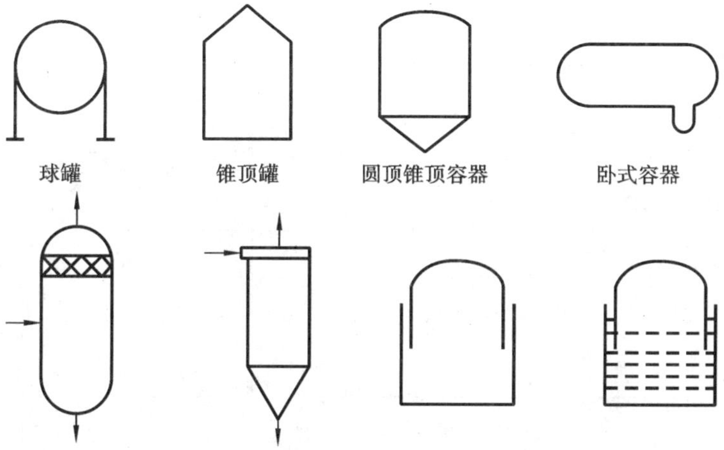 球罐 锥顶罐 圆顶锥顶容器 卧式容器 丝网除沫分离器 旋风分离器 干式气柜 湿式气柜
泵	P	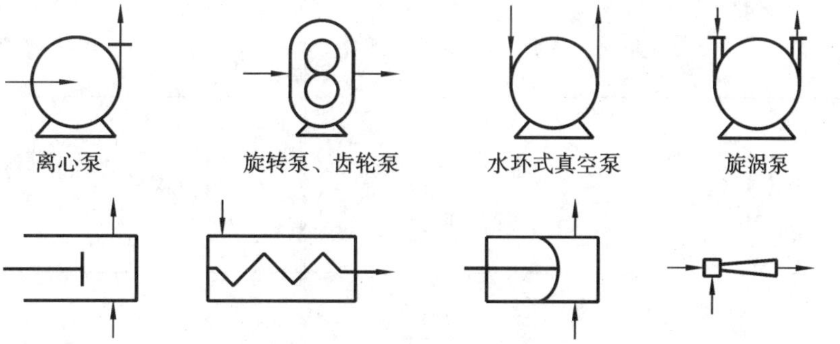 离心泵 旋转泵、齿轮泵 水环式真空泵 旋涡泵 往复泵 螺杆泵 隔膜泵 喷射泵

表 1.2　常用管件和阀门的图形符号

名　　称	图　　例	名　　称	图　　例
Y 型过滤器		闸阀	
T 型过滤器		球阀	
锥形过滤器		截止阀	
阻火器		节流阀	
文氏管		止回阀	
消声器		隔膜阀	
喷射器		碟阀	
防空帽(管)	帽　管	减压阀	
敞口(封闭)漏斗	敞开　封闭	旋塞阀	

续表

名　称	图　例	名　称	图　例
同心异径管	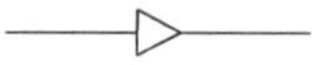	三通旋塞阀	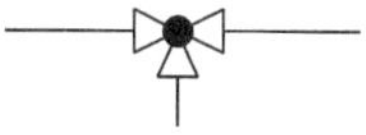
视镜		四通旋塞阀	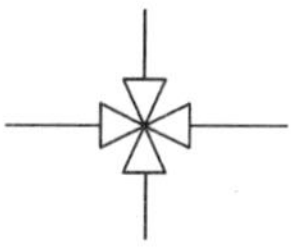
爆破膜		弹簧式安全阀	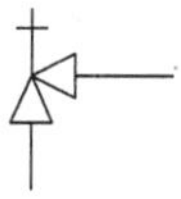
喷淋管		杠杆式安全阀	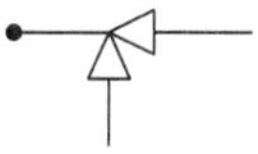
底阀		直流截式阀	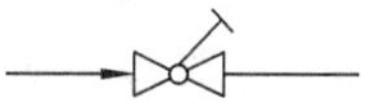
疏水阀		角式截止阀	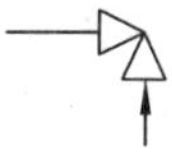

表 1.3　单元设备分类代号

单元设备	代　号	单元设备	代　号
现场装置、基础、混凝土构件	A	电气	N
压缩机	C	泵	P
换热器	E	仪表	Q
工业炉	F	反应器类	R
特殊装置	L	塔	T
过滤机械及离心机	M	槽、贮罐等容器类	V

(2) 用粗实线(0.9 mm)画出连接设备的主要物料管线，并标注出物料类型及流向箭头；工艺物料的介质代码一般以分子式简写或英文单词缩写表示。

(3) 物料平衡数据可直接在物料管道上用细实线引出并列成表。

(4) 辅助介质管道(如冷却水、加热蒸汽等)用中粗实线(0.6 mm)表示,并注明辅助介质的种类和流向。常见辅助介质的代号规定如表 1.4 所示。

表 1.4　部分物料与辅助介质代号

代　　号	中文名称	代　　号	中文名称
W	水	S	蒸汽
PWW	生产废水	LS	低压蒸汽
CS	化学污水	MS	中压蒸汽
BW	锅炉给水	HS	高压蒸汽
R	冷冻剂	C	冷凝液
BR	盐水	CW	(循环)冷却水
BRR	盐水回水	CWR	(循环)冷却回水
BRS	盐水补给水	RW	冷却水
NG	天然气	SW	软水
FG	燃料气	DW	饮用水
A	空气	SC	蒸汽冷凝水

(5) 对流程图名称、符号或图例等做必要的说明和标注,并按图签规定签署。

1.4.2　主体设备工艺条件图

主体设备是指一个单元操作中处于核心地位的关键设备,如传热中的换热器、蒸馏和吸收中的塔设备(板式塔和填料塔)、干燥中的干燥器等。需指出,同一设备在某一个单元操作中为主体设备,而在另一个单元操作中有可能变为辅助设备。例如,换热器在传热中为主体设备,而在精馏中就变为辅助设备。其他设备如泵、压缩机等也存在类似情况。主体设备工艺条件图是将设备的结构设计和工艺尺寸的计算结果用一张总图表示出来,是进行装置施工图设计的依据,图面上应包括如下内容。

(1) 设备图形:主要尺寸(外形尺寸、结构尺寸、连接尺寸)、接管、人孔等。

(2) 技术特性:装置设计和制造检验的主要性能参数,通常包括设计压力、设计温度、工作压力、工作温度、介质名称、腐蚀裕度、焊缝系数、容器类别及装置的尺度等。

(3) 管接口表:注明各管口的符号、公称尺寸、连接尺寸、用途等。

(4) 设备组成一览表:注明组成设备的各部件的名称等。

图 1.1 所示的是吸收塔主体设备工艺条件图示例。以上设计全过程统称为设备的工艺设计。完整的设备设计应在上述工艺设计基础上再进行机械强度的设计,最后提供可供加工制造的施工图。图 1.2、图 1.3 分别所示的是换热器、精馏塔装配图。

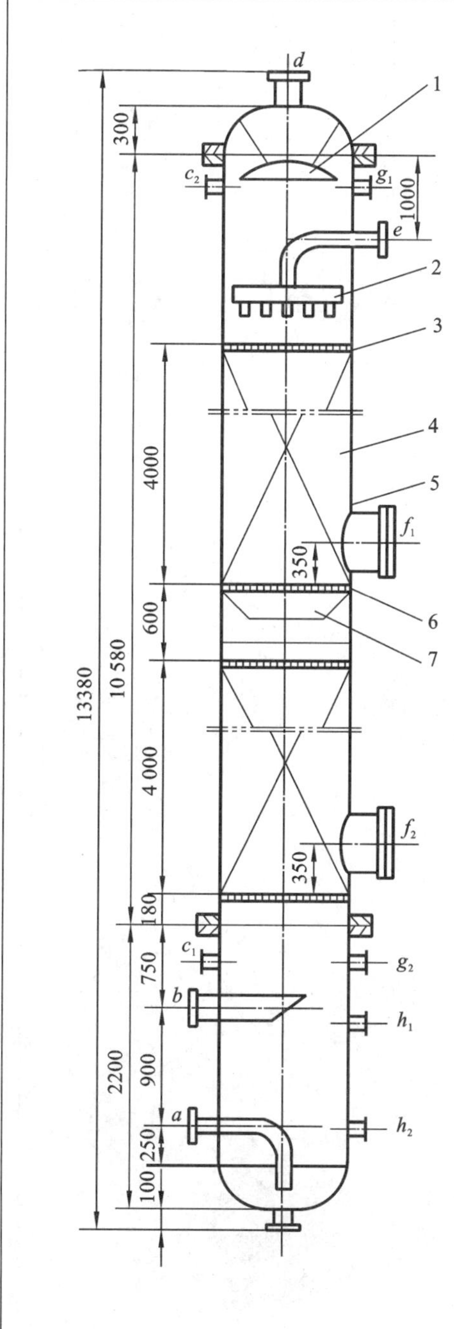

技术特性表

序号	名称	指标
1	操作压力	0.8MPa
2	操作温度	40 ℃
3	工作介质	变换气、乙醇、水
4	填料型式	阶梯环
5	塔径	1 m
6	填料高度	2 m

接管表

符号	公称尺寸	连接方式	用途
a	100		富液出口
b	200		气体进口
$c_{1,2}$	40		测温口
d	200		气体出口
e	100		贫液进口
$f_{1,2}$	40		人孔
$g_{1,2}$	25		测压口
$h_{1,2}$	25		液面计接口
i	50		排液口

序号	图号	名称	数量	材料	备注
7		再分布器	1		
6		填料支承板	2		
5		塔体	1		
4		塔填料	1		
3		床层限制板	2		
2		液体分配器	1		
1		除沫器	1		

学校 系 专业			
职责	签名	日期	二氧化碳吸收塔工艺条件图
设计			
制图			
审核			比例

图 1.1 吸收塔工艺条件图

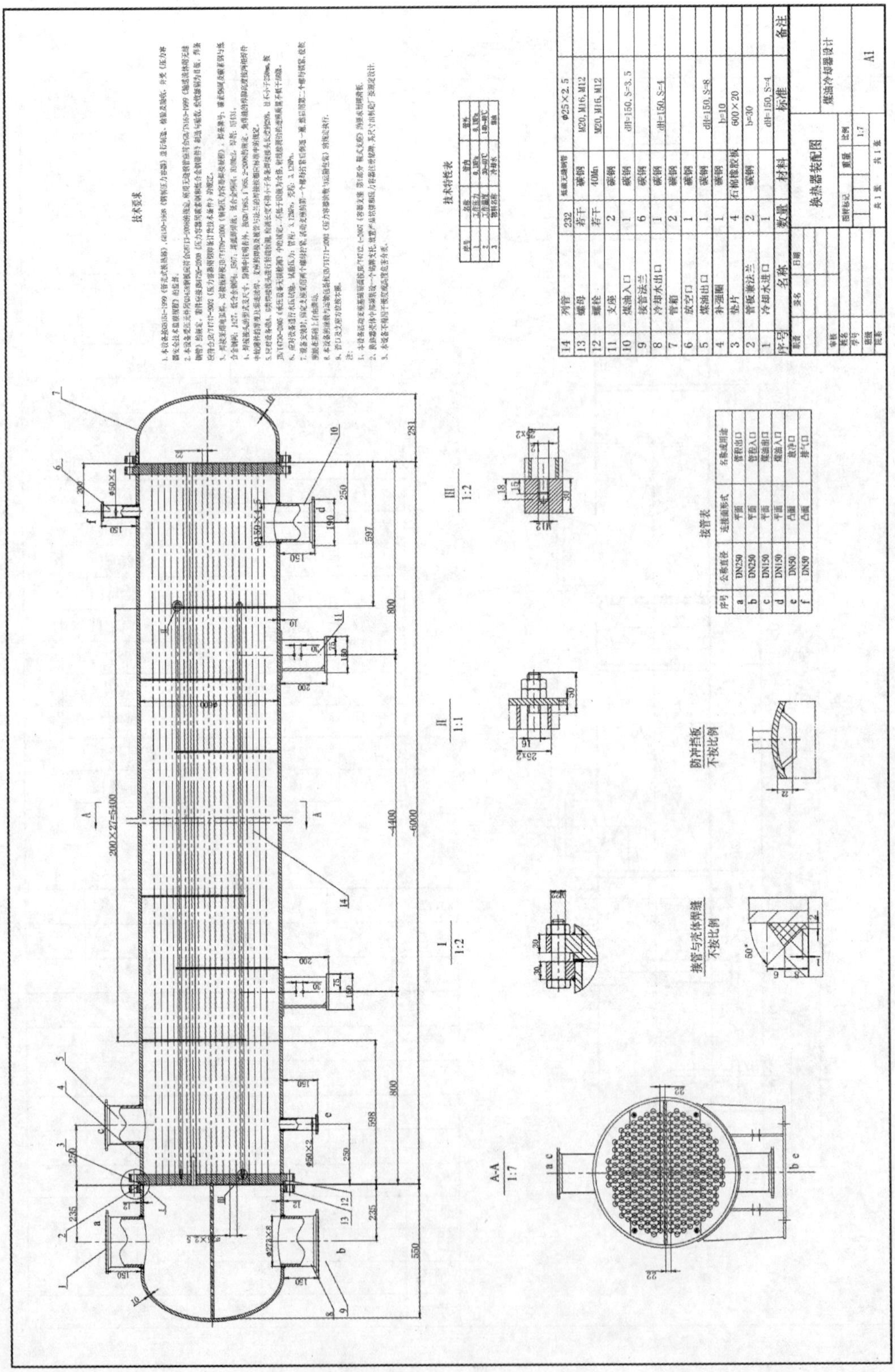

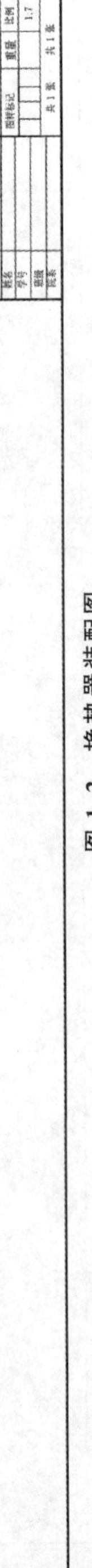

技术要求
技术特性表
A-A
1:7
I
1:2
II
1:1
III
1:2
200×27=5400
~4400
~6000
接管与壳体焊缝
不按比例
防冲挡板
不按比例
接管表
序号 公称直径 连接面形式 名称或用途
a DN250 平面 管程出口
b DN250 平面 管程入口
c DN150 平面 煤油出口
d DN150 平面 煤油入口
e DN50 凸面 放净口
f DN50 凸面 排气口
14 列管 232 低碳无缝钢管 φ25×2.5
13 螺母 若干 碳钢 M20, M16, M12
12 螺栓 若干 40Mn M20, M16, M12
11 支座 2 碳钢
10 煤油入口 1 碳钢 dH=150, S=3.5
9 接管法兰 6 碳钢
8 冷却水出口 1 碳钢 dH=150, S=4
7 管箱 2 碳钢
6 放空口 1 碳钢
5 煤油出口 1 碳钢 dH=150, S=8
4 补强圈 1 碳钢 b=10
3 垫片 4 石棉橡胶板 600×20
2 管板兼法兰 2 碳钢 b=30
1 冷却水进口 1 碳钢 dH=150, S=4
序号 名称 数量 材料 标准 备注
换热器装配图
煤油冷却器设计
比例 1:7
共1张 第1张
A1

图 1.2 换热器装配图

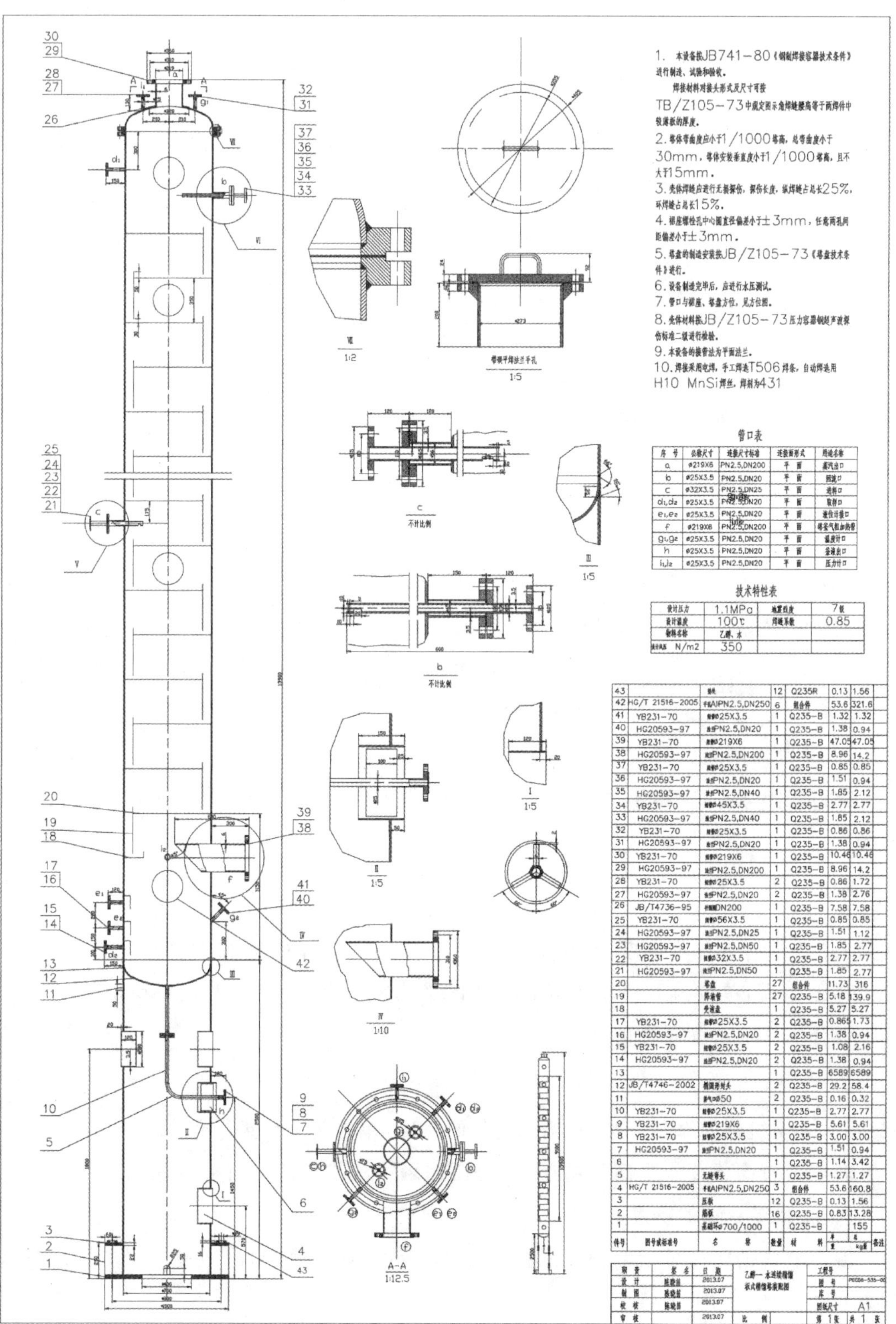

1. 本设备按JB741—80《钢制焊接容器技术条件》进行制造、试验和验收。
焊接材料对接头形式及尺寸可按TB/Z105—73中规定图示角焊缝腰高等于两焊件中较薄板的厚度。
2. 塔体弯曲度应小于1/1000塔高，总弯曲度小于30mm，塔体安装垂直度小于1/1000塔高，且不大于15mm。
3. 壳体焊缝应进行无损探伤，探伤长度，纵焊缝占总长25%，环焊缝占总长15%。
4. 裙座螺栓孔中心圆直径偏差小于±3mm，任意两孔间距偏差小于±3mm。
5. 塔盘的制造安装按JB/Z105—73《塔盘技术条件》进行。
6. 设备制造完毕后，应进行水压测试。
7. 管口与裙座、塔盘方位，见方位图。
8. 壳体材料按JB/Z105—73压力容器钢超声波探伤标准二级进行检验。
9. 本设备的接管法为平面法兰。
10. 焊接采用电焊，手工焊选T506焊条，自动焊选用H10 MnSi焊丝，焊剂为431
管口表
技术特性表
A-A
1:12.5

图 1.3 精馏塔装配图

1.5　物性数据的查取和估算

设计计算中需要大量的物性数据，如温度、压强、密度、黏度、表面张力、比热容、导热系数等。这些物性数据通常可由现场实测、查阅手册或文献以及公式计算来获得。常用的物性数据可从《化学工程手册》（化学工程手册编委会）、《化学工艺设计手册》（上海医药设计院）、《化工物性算图手册》（刘光启等）等查取。有些物性，特别是混合物的性质，其查取困难。此种情况可用经验方法来估算和推算，现就涉及混合物的物性数据计算方法做简要介绍。

1.5.1　平均摩尔质量

混合气体平均摩尔质量可根据各组分的摩尔质量及摩尔分数由下式计算：

$$M_m = \sum y_i M_i \tag{1-1}$$

式中：M_m 为混合气体的平均摩尔质量，单位为 kg/kmol；y_i 为 i 组分的摩尔分数；M_i 为 i 组分的摩尔质量，单位为 kg/kmol。

1.5.2　密度

1. 混合气体的密度

当压强不太高、温度不太低时，工程上通常按理想气体 $pV=nRT$ 来计算混合气体的密度：

$$\rho_m = \frac{pM_m}{RT} \tag{1-2}$$

式中：ρ_m 为混合气体的密度，单位为 kg/m^3；p 为混合气体的绝对压，单位为 Pa；T 为混合气体的温度，单位为 K；M_m 为混合气体的平均摩尔质量，单位为 kg/kmol。

混合气体的密度还可由下式计算：

$$\rho_m = \sum y_i \rho_i \tag{1-3}$$

式中：y_i 为 i 组分的摩尔分数；ρ_i 为 i 组分的密度，单位为 kg/m^3。

若压力较高或要求更高的精度，可由压缩因子法或其他方法进行处理。

2. 液体混合物的密度

混合液体的密度可近似根据混合前后体积不变来处理，此法即使对于非理想溶液，误差也不会太大，即

$$\rho_m = \frac{1}{\sum \frac{\omega_i}{\rho_i}} \tag{1-4}$$

式中：ρ_m 为混合液体的密度，单位为 kg/m³；ω_i 为 i 组分的质量分数；ρ_i 为 i 组分的密度，单位为 kg/m³。

1.5.3 黏度

1. 混合气体的黏度

常压下气体混合物的黏度可通过各组分的纯物质黏度、摩尔质量及摩尔分数计算：

$$\mu_m^0 = \frac{\sum y_i \mu_i^0 (M_i)^{1/2}}{\sum y_i (M_i)^{1/2}} \tag{1-5}$$

式中：μ_m^0 为常压下混合气体的黏度，单位为 Pa·s；y_i 为 i 组分的摩尔分数；μ_i^0 为常压下 i 组分的黏度，单位为 Pa·s；M_i 为 i 组分的摩尔质量，单位为 kg/kmol。

若压力较高或要求更高的精度，可由其他方法进行处理。

2. 混合液体黏度的估算

液体混合物的黏度与组成关系较为复杂，目前还难以理论预测，在工程上大多采用经验或半经验的黏度模型进行关联和计算。

非缔合混合液体的黏度可由下式计算：

$$\lg \mu_m = \sum x_i \lg \mu_i \tag{1-6}$$

式中：μ_m 为混合液体的黏度，单位为 Pa·s；x_i 为 i 组分的摩尔分数；μ_i 为 i 组分的黏度，单位为 Pa·s。

1.5.4 比热容

混合液体或混合气体的比热容可采用叠加法由下式计算：

$$c_{pm} = \sum \omega_i c_{pi} \tag{1-7}$$

式中：c_{pm} 为混合液体或混合气体的比热容，单位为 kJ/(kg·K)；ω_i 为 i 组分的质量分数；c_{pi} 为 i 组分比热容，单位为 kJ/(kg·K)。

1.5.5 导热系数

1. 混合气体的导热系数

常压下混合气体导热系数的计算式很多，对于一般气体混合物，下式最为常用，即

$$\lambda_m^0 = \frac{\sum y_i \lambda_i^0 (M_i)^{1/3}}{\sum y_i (M_i)^{1/3}} \tag{1-8}$$

式中：λ_m^0 为混合气体在低压下的导热系数（热导率），单位为 W/(m·℃)；y_i 为 i 组分的

摩尔分数；λ_i^0 为常压下 i 组分的导热系数，单位为 W/(m·℃)；M_i 为 i 组分的摩尔质量，单位为 kg/kmol。

2. 混合液体的导热系数

迄今为止已有很多求算混合液体导热系数的关联式，针对不同混合液体特性可采用不同公式进行估算。

(1) 有机液体混合物：

$$\lambda_m = \sum \omega_i \lambda_i \tag{1-9}$$

式中：λ_m 为混合液体的导热系数，单位为 W/(m·℃)；ω_i 为 i 组分的质量分数；λ_i 为 i 组分的导热系数，单位为 W/(m·℃)。

(2) 有机液体水溶液：

$$\lambda_m = 0.9 \sum \omega_i \lambda_i \tag{1-10}$$

(3) 胶体分散液及乳液：

$$\lambda_m = 0.9 \lambda_c \tag{1-11}$$

式中：λ_c 为连续相组分的导热系数，单位为 W/(m·℃)。

1.5.6 汽化潜热

混合液体的汽化潜热可按组分叠加方法计算：

$$\gamma_m = \sum x_i \gamma_i \tag{1-12}$$

式中：γ_m 为混合液体的汽化潜热，单位为 kJ/kmol；x_i 为 i 组分的摩尔分数；γ_i 为 i 组分的汽化潜热，单位为 kJ/kmol。

1.5.7 表面张力

混合液体的表面张力可由叠加法近似计算：

$$\sigma_m = \sum x_i \sigma_i \tag{1-13}$$

式中：σ_m 为混合液体的表面张力，单位为 mN/m；x_i 为 i 组分的摩尔分数；σ_i 为 i 组分的表面张力，单位为 mN/m。此式仅适用于系统压力小于或等于大气压的条件。

1.5.8 蒸气压

遵守 Raoult(拉乌尔)定律的混合液体，i 组分的分压计算公式为

$$p_i = x_i p_i^0 \tag{1-14}$$

式中：p_i 为 i 组分的分压，单位为 Pa；p_i^0 为 i 组分的饱和蒸气压，单位为 Pa；x_i 为 i 组分在液相中的摩尔分数。

混合蒸气的总压力计算公式为

$$p = \sum p_i \tag{1-15}$$

式中：p 为系统蒸汽总压力，单位为 Pa；p_i 为 i 组分的分压，单位为 Pa。

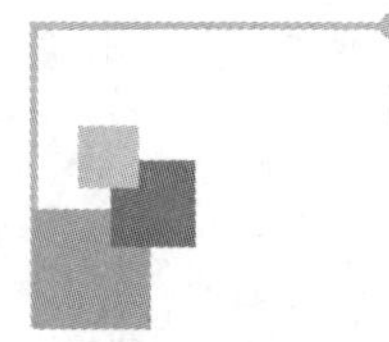

2 换热器的设计

传热是由于温度差引起的能量转移，又称热量传递过程。在化工生产中，热量传递是常见的单元操作过程。例如，蒸发、蒸馏、干燥等，都需要根据具体的工艺要求对物料进行加热或冷却；对于化学反应器，更需要有效地供给或移走反应热，使反应在一定的温度下进行。此外，化工生产中设备的保温、热能的合理利用及废热的回收等，也都涉及传热问题。

在不同温度的流体间传递热能的装置称为热交换器，简称为换热器。在换热器中有两种不同温度的流体，热流体放出热量，冷流体吸收热量。换热设备费用在化工、炼油设备中所占的比例可达 20%～50%。因此，无论是从工厂的投资，还是从能源的利用来看，选择和设计合适的换热器具有十分重要的意义。

2.1 换热器的分类

在化工生产，按冷、热流体热量交换的原理和方式不同，换热器可分为三大类。

2.1.1 直接接触式换热器

冷、热流体直接接触混合进行换热。直接接触式换热器形状塔状，结构简单，价格便宜，如图 2.1 所示。

2.1.2 蓄热式换热器

冷、热流体交替通过填料或格子砖等蓄热体来换热，如图 2.2 所示。蓄热式换热器存在少量流体相互掺和、流体污染的问题。

2.1.3 间壁式换热器

在化工生产中，一般不允许换热的两种流体(物料)相互混合，所以多用间壁式换热器。从结构来分类，换热器有以下几种：夹套式换热器、板式换热器、螺旋板式换热器、蛇管式换热器、喷淋式换热器、套管式换热器、列管式换热器、翅片式换热器和板翅式换热器。

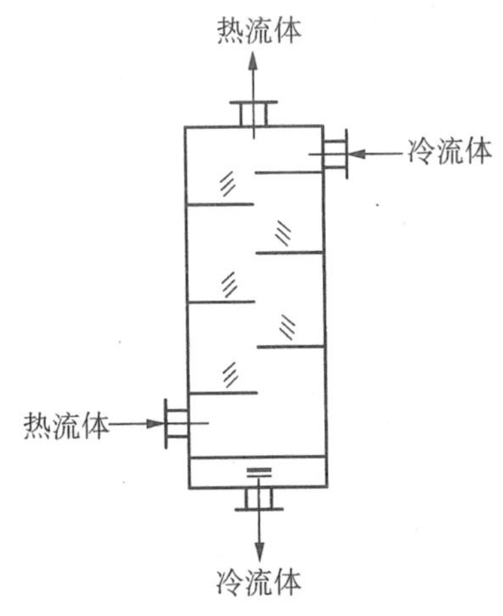

图 2.1　直接接触式换热器

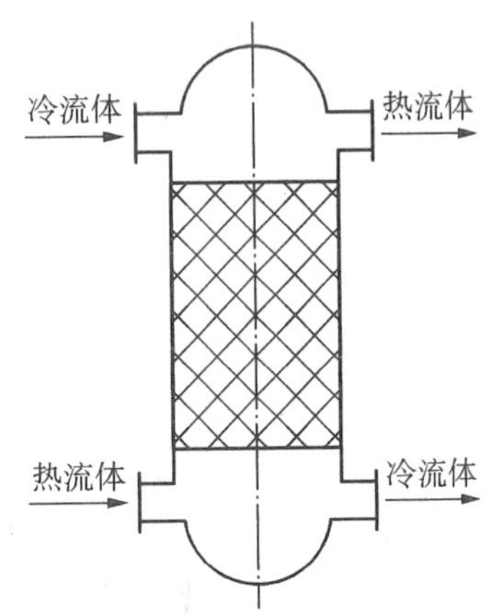

图 2.2　蓄热式换热器

1. 夹套式换热器

换热器的夹套安装在容器的外部，夹套与器壁之间形成密闭的空间，为载热体（加热介质）或载冷体（冷却介质）的通路。夹套通常用钢板或铸铁板制成，焊在器壁上或者用螺钉固定在容器的法兰或器盖上。

夹套式换热器构造简单，主要用于反应过程的加热或冷却。在用蒸汽进行加热时，蒸汽由上部接管进入夹套，冷凝水则由下部接管流出；作为冷却器时，冷却介质（如冷却水）由夹套下部的接管进入，而由上部接管流出，如图 2.3 所示。

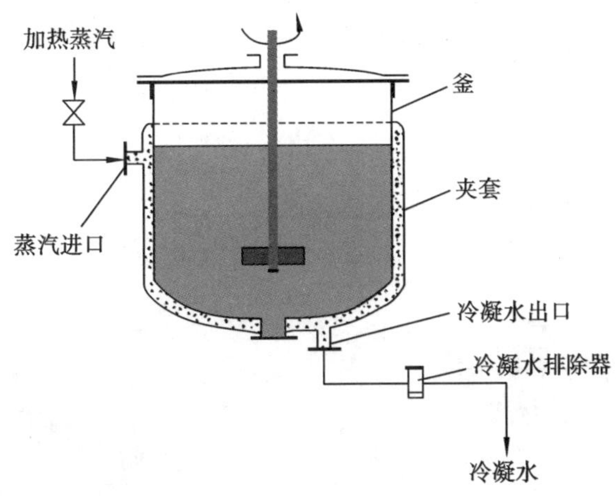

图 2.3　夹套式换热器

2. 板式换热器

板式换热器主要由一组长方形的薄金属板平行排列、夹紧组装于支架上构成。两相邻板片的边缘衬有垫片，压紧后可达到密封的目的，且可用垫片的厚度调节两板间流体通道的大小。每块板的四个角上，各开一个圆孔，其中有两个圆孔和板面上的流道相通,另外两个圆孔则不相通,它们的位置在相邻板上错开,以分别形成两流体的通道。冷、热流体交替地在板片两侧流过,并通过金属板片进行换热。每块金属板面冲压成凹凸规则的波纹或沟槽形状,以使流体均匀流过板面,增加传热面积,并促使流体湍动,有利于传热,如图 2.4 所示。

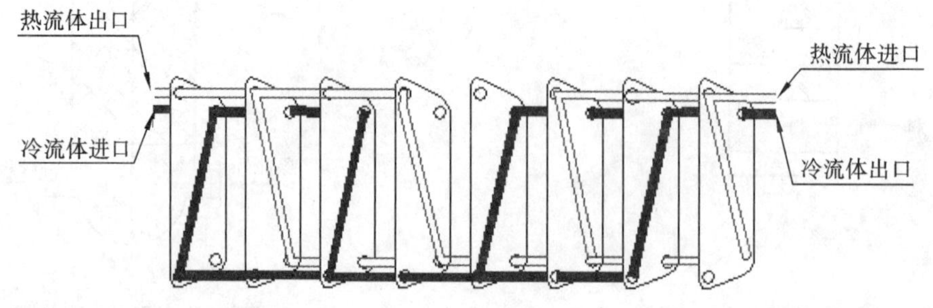

图 2.4　板式换热器

板式换热器的优点是制作简便,结构紧凑,单位体积设备所提供的传热面积大,能节约金属材料;总传热系数高,如对低黏度液体的传热,总传热系数可高达 7000 W/(m^2·℃);可根据需要增减板数以调节传热面积;检修和清洗都较方便。其缺点是处理量不太大;操作压强较低,一般低于 1500 kPa,最高也不超过 2000 kPa;因受垫片耐热性能的限制,操作温度不能过高,一般对合成橡胶垫圈不超过 130 ℃,压缩石棉垫圈低于 250 ℃。

3. 螺旋板式换热器

螺旋板式换热器是由两块薄金属板焊接在一块分隔挡板(见图 2.5 中的中心的短板)上并卷成螺旋形。两板之间焊有定距柱以保持流道间距和增加螺旋板的刚度。在顶、底部上分别焊有盖板或封头。在进行换热时,冷、热流体分别进入两条通道,在器内做严格的逆流流动。所以传热温差较大。

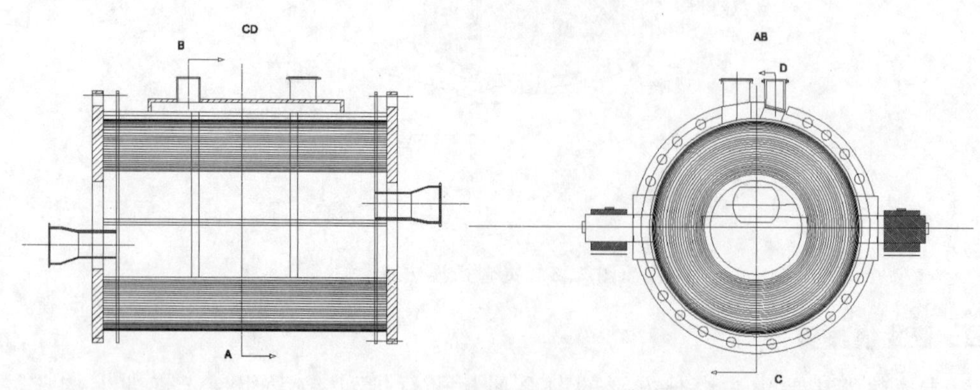

图 2.5　螺旋板式换热器

螺旋板式换热器的优点:总传热系数高,因流体在螺旋通道中流动,惯性力离心力以及定距柱引起的干扰作用,容易形成湍流;不易被堵塞,因流体的流速较高,流体在螺旋通道中做螺旋运动时,可自行对堵塞区域起到冲刷作用;能利用低温热源和精密控制温度,这是流体流动的流道长及两流体完全逆流的缘故;结构紧凑,单位体积的传热面积为列管换热器的 3 倍。其缺点是操作压强和温度不宜太高,目前最高操作压强为 2000 kPa,温度约在 400 ℃以下;不易检修,因整个换热器为卷制而成,一旦发生泄漏,内部很难修理。

4. 蛇管式换热器

蛇管多用金属管子弯制而成,或制成适应容器要求的形状,沉浸在容器中。两种流体分别在蛇管内、外流动而进行热量交换。几种常用的蛇管形式如图 2.6 所示。

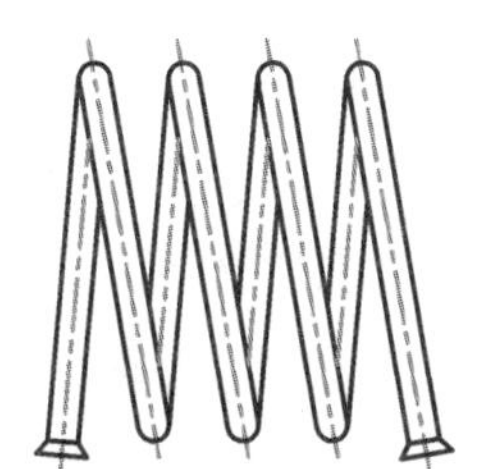
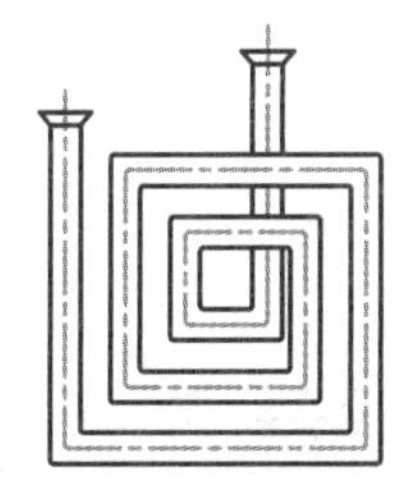
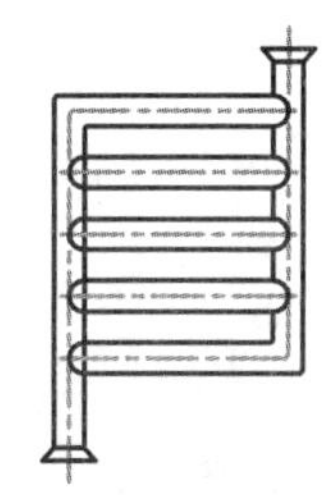

图 2.6 蛇管的形式

蛇管式换热器的优点是结构简单,价格低廉,便于防腐蚀,能承受高压。其缺点是由于容器的体积较蛇管的体积大得多,故管外流体的 α 值较小,因而总传热系数 K 值也较小。若在容器内增设搅拌器或减小管外空间,则可提高传热系数。

5. 喷淋式换热器

喷淋式换热器多用于冷却管内的热流体。由于将蛇管成排地固定在钢架上,被冷却的流体在管内流动,冷却水由管上方的喷淋装置中均匀淋下,故又称为喷淋式冷却器(见图 2.7)。喷淋式换热器的优点是传热推动力大,传热效果好,便于检修和清洗。其缺点是喷淋不易均匀。

6. 套管式换热器

套管式换热器是将两种直径大小不同的直管装成同心套管,并可用 U 形肘管把管段串联起来,每一段直管称作一程,如图 2.8 所示。

套管式换热器的优点是进行热交换时使一种流体在内管流过,另一种流体则在套管间的环隙中通过;流速高、表面传热系数大,逆流流动平均温差最大,结构简单、能承受高压,且应用方便。其缺点是管间接头较多,容易发生泄漏;单位体积的传热面积较小。在需要传热面积不太大且要求压强较高或传热效果较好时,宜采用套管式换热器。

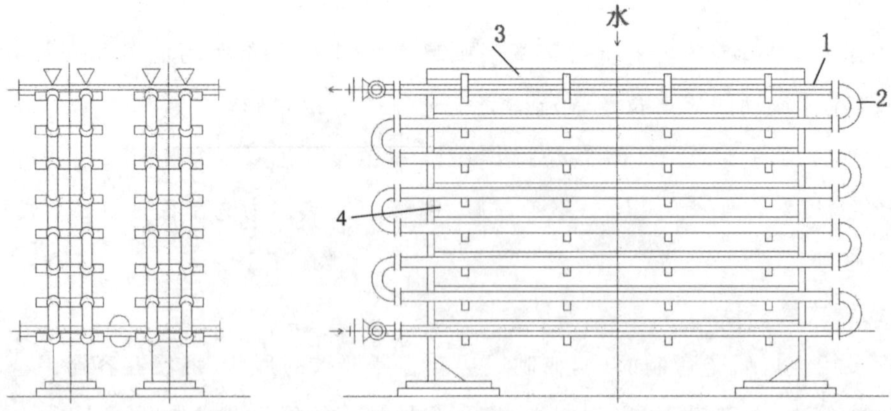

图 2.7　喷淋式冷却器

1—直管；2—外管；3—水槽；4—齿形檐板

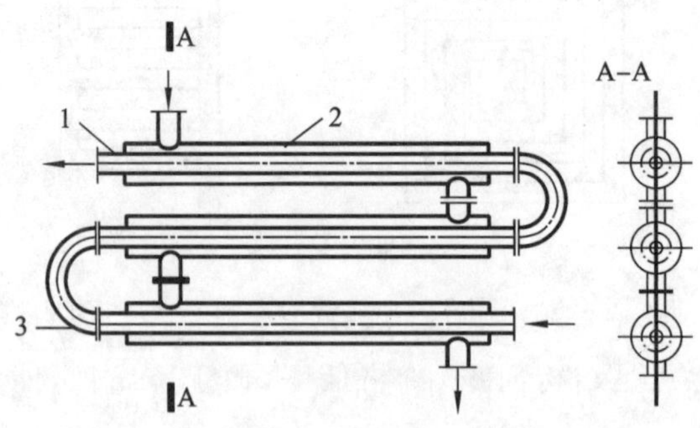

图 2.8　套管式换热器

1—内管；2—外管；3—U 形肘管

7. 列管式换热器

列管式换热器又称为管壳式换热器，是最典型的间壁式换热器之一。列管式换热器是化工生产中应用最广泛的一种换热器，且占据主导地位。列管式换热器必须从结构上考虑热膨胀的影响，采取各种补偿的办法，消除或减小热应力。根据所采取的温差补偿措施，列管式换热器可分为固定管板式、浮头式换热器和 U 形管式换热器。

1）固定管板式

由于固定管板式两端管板和壳体连接成一体，因此它具有结构简单、造价低廉的优点。又由于壳程不易检修和清洗，因此壳程流体应是较洁净且不易结垢的物料。当两流体的温差较大时，应考虑热补偿。图 2.9 所示的是具有补偿圈（或称膨胀节）的固定板式换热器，即在外壳的适当部位焊上一个补偿圈，当外壳和管束热膨胀不同时，补偿圈发生弹性变形（拉伸或压缩），以适应外壳和管束的不同的热膨胀程度。这种热补偿方法简单，但不太适用于两流体的温度差太大（不大于 70 ℃）和壳方流体压强过高（一般不高于 600 kPa）的场合。

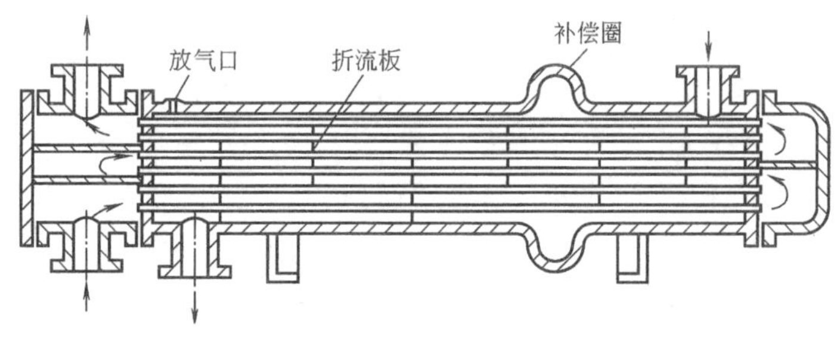

图 2.9 具有补偿圈的固定管板式换热器

为了提高壳程流体流速，往往在壳体内安装一定数目与管束相互垂直的折流板。常用的折流板有圆缺形和圆盘形两种。折流板不仅可以防止流体短路、增加流体流速，还可以使流体按规定路径多次错流通过管束，使湍动程度大为增加，如图 2.10 所示。

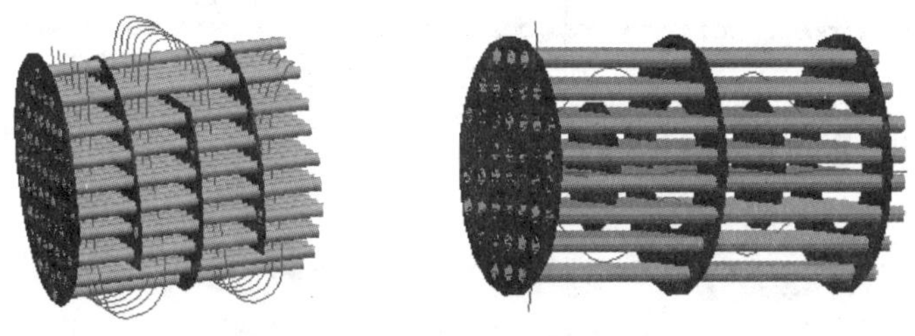

图 2.10 流体过折流板的流动情况

2）浮头式换热器

两端管板中不与外壳固定连接的一端称为浮头。当管子受热(或受冷)时，管束连同浮头可以自由伸缩，而与外壳的膨胀无关。浮头式换热器可以补偿热膨胀，由于固定端的管板是以法兰和壳体相连接的，因此管束可从壳体中抽出，便于清洗和检修，故浮头式换热器应用普遍；但其结构复杂，金属用量较多，且造价较高。浮头式换热器适用于壳体和管束温差较大或壳程介质易结垢的情况，如图 2.11 所示。

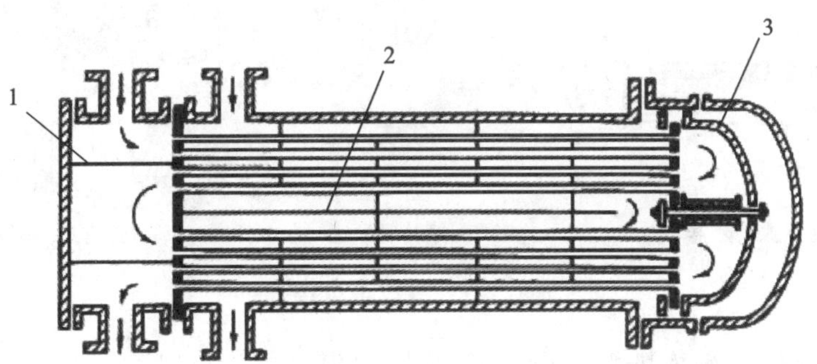

图 2.11 浮头式换热器

1—管程隔板；2—壳程隔板；3—浮头

3）U形管式换热器

管子弯曲成U形，其两端固定在同一管板上，每根管子可以自由伸缩，与其他管子及壳体无关，不会因管壳之间的温差而产生热应力，且热补偿性能好。U形管式换热器的优点是管程为双管程，其流程较长、流速较高、传热性能较好、承压能力强；管束可从壳体内抽出，便于检修和清洗。其缺点是管内清洗困难，因此管内流体必须洁净，且因管子需一定的弯曲半径，直管部分必须使用壁较厚的管子，管板的利用率较差。U形管式换热器的结构简单、重量轻，适用于管壳壁温相差较大，或壳程介质易结垢而管程介质不易结垢，高温、高压、腐蚀性强的情况，如图2.12所示。

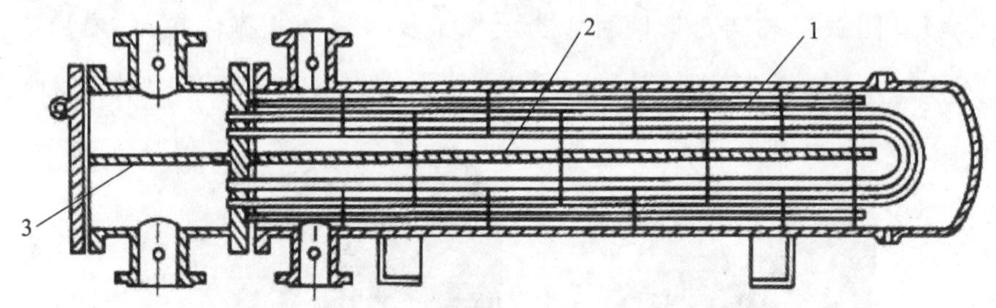

图2.12　U形管式换热器

1—U形管；2—壳程隔板；3—管程隔板

各列管式换热器总的优点是单位体积提供的传热面积大，管束的壁面即为传热面，传热效果好，结构坚固，可选用的结构材料范围广，操作弹性大。其结构主要由壳体、管束、管板、折流板和封头组成。在管内流动的流体，其行程称为管程；在管外流动的流体，其行程称为壳程。

8. 翅片式换热器

翅片式换热器的构造特点是在管子表面上装有径向或轴向翅片，如图2.13所示。

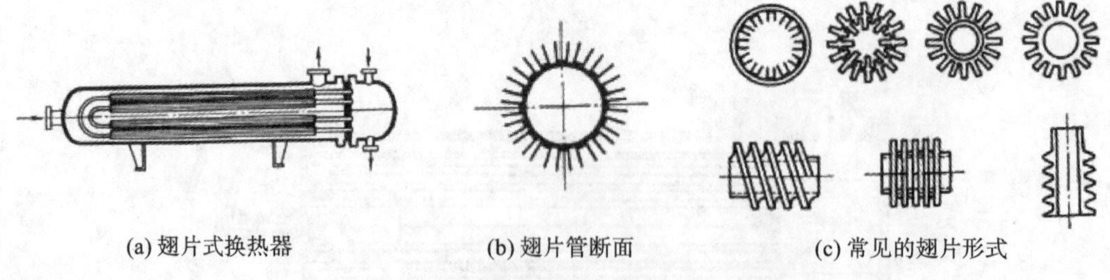

(a) 翅片式换热器　(b) 翅片管断面　(c) 常见的翅片形式

图2.13　翅片式换热器

当两种流体的对流传热系数相差很大时，如用水蒸气加热空气，此传热过程的热阻主要在气体一侧。若气体在管外流动，则在管外装置翅片，既可扩大传热面积，又可增加流体湍动，从而提高换热器的传热效果。一般当两种流体的对流传热系数之比为3∶1或更大时，宜采用翅片式换热器。

9. 板翅式换热器

在两块平行的薄金属板(平隔板)之间,夹入波纹状的金属翅片,两边以侧条密封,组成一个单元体。将各单元体进行不同的叠积和适当地排列,再用钎焊给予固定,得到常用的逆流、并流和错流的板翅式换热器的组装件,称为芯部或板束。如图 2.14 所示,将带有流体进、出口的集流箱焊到板束上,就成为板翅式换热器。目前常用的翅片形式有光直型翅片、锯齿型翅片和多孔型翅片。

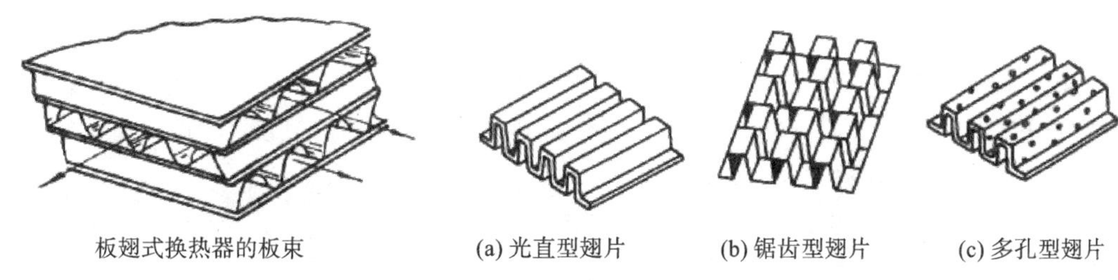

图 2.14 板翅式换热器的板束和翅片形式

板翅式换热器的优点:波形翅片不仅是传热面的支撑,而且是两板之间的支撑,故其强度很高;总传热系数高,传热效果好,翅片促进流体的湍动;冷、热流体之间换热不仅以平隔板为传热面,而且大部分热量通过翅片传递,提高了传热效果;结构紧凑,单位体积设备提供的传热面积一般能达到 2500 m^2,最高可达 4300 m^2,而列管式换热器一般仅有 160 m^2;重量轻,板翅通常用铝合金制作,在相同的传热面积下,其质量约为列管式换热器的十分之一;导热系数高,铝合金在零度以下操作时,其延性和抗拉强度都可提高,可在热力学零度至 200 ℃的范围内使用,适用于低温和超低温的场合,也可用于蒸发或冷凝,其操作方式可以是逆流、并流、错流或错逆流同时并进等,还可用于多种不同介质在同一设备内进行换热。其缺点是设备流道很小、易堵塞、压强降增大;换热器一旦结垢,对它进行清洗和检修都很困难,所以物料应选择较洁净的或预先进行净制。由于隔板和翅片都由薄铝片制成,故要求介质对铝片不发生腐蚀。

2.2 换热器的设计要求

1. 满足工艺条件

列管式换热器的设计和选用的核心是计算换热器的传热面积,进而确定换热器的其他尺寸或选择换热器的型号。设计者根据工艺条件,如传热量、热力学参数(如温度、压强、相态等)、物性参数等进行计算和优化,使设计的换热器设备传热面积小,单位时间内传递热量多。根据传热知识,设计计算时可采取以下做法。

(1) 流速增大有利于传热,但流体阻力与流速的平方成正比,考虑阻力及避免流体诱发振动的前提下，应尽量选择较高的流速以增大对流传热系数。

(2) 对于无相变的流体，尽可能采取逆流的传热方式来增大平均温差，有助于减小设备的温差应力。

(3) 妥善布置传热面，不仅可以增加单位空间内的传热面积，还可以改善流动特性。如果换热器的一侧流体有相变，另一侧流体为气体，可在气相一侧的传热面上加翅片以增大传热面积，或在条件允许的情况下采用两相流动以减小热阻，这些对于传热都是十分有利的。

2. 采用标准系列

计算所需的换热面积，按照GB 151—1999《管壳式换热器》、GB 16409—1996《板式换热器》等标准进行设计。若标准系列不能满足工厂的生产要求，则进行换热器的结构设计。

3. 确保安全可靠

换热器作为压力容器，工艺及结构设计完成后，需运用化工设备机械基础课程设计知识，根据《钢制石油化工压力容器设计规定》等标准进行机械强度及刚度的计算与校核，确保换热器的安全可靠。

4. 操作方便

设备与部件应便于运输与装拆，在厂房搬动时不受楼梯、梁、柱等的阻碍，根据需要设计气、液排放口与检查孔等；对于易结垢的设备可考虑在流体中加入净化剂，避免停工清洗，或将换热器设计成两部分，交替进行工作和清洗等。

5. 经济合理

当设计或选型时，有几种换热器都能满足生产工艺要求，对换热器进行经济核算。根据在一定时间内(一年)设备费(含购买费、运输费、安装费等)与操作费(含动力费、清洗费、维修费等)的总和最小的原则来选择换热器，并确定适宜的操作条件。

本章的主要内容是以管壳式换热器为例，阐述对换热设备进行工艺计算及结构设计的步骤与方法。

2.3 管壳式换热器的设计

管壳式换热器的设计包括热力设计、流动设计、结构设计及强度设计。

热力设计是根据生产工艺要求，利用传热学的知识进行传热计算。

流动设计主要是计算压降，选择换热器的辅助设备(如泵等)。热力设计和流动设计两者关系密切，进行热力计算时常需从流动设计中获得某些参数。

结构设计是根据传热面积的大小计算其主要零部件的尺寸，如管子的直径、长度、根数、排列方式、壳体的直径、折流板的长度和数目、隔板的数目和连接管的尺寸等。

对高温高压下工作的换热器，利用《化工设备机械基础课程设计》的知识对换热器的主要受压零部件做应力计算。尽量采用国产的标准材料和部件，使之符合我国压力容器安全技术规定。管壳式换热器的工艺设计主要包括以下内容：

①根据换热任务确定设计方案；

②初步确定换热器的结构和尺寸；

③核算换热器的传热面积和流体阻力；

④确定换热器具体工艺结构。

2.3.1　设计方案的确定

1. 基本参数和型号

（1）基本参数：①公称换热面积；②公称直径；③公称压力；④换热器管长度 L；⑤换热管规格；⑥管程数 N_p。

（2）型号表示方法。管壳式换热器的型号由五部分组成：

$$\underset{1}{\underline{X}}\quad \underset{2}{\underline{XXXX}}\quad \underset{3}{\underline{X}}\quad \underset{4}{\underline{-XX}}\quad \underset{5}{\underline{-XXX}}$$

其中：1 为换热器代号；2 为公称直径 DN，单位为 mm；3 为管程数，如Ⅰ、Ⅱ、Ⅲ、Ⅳ等；4 为公称压力 PN，单位为 at；5 为公称换热面积 SN，单位为 m^2。

2. 换热器类型的选择

1）固定管板式换热器（代号 G）

固定管板式换热器（见图 2.15）可采用标准系列：系列代号（G），壳体公称直径（mm），管程数（如Ⅰ、Ⅱ、Ⅲ、Ⅳ等），公称压力（at），公称换热面积（m^2）等。如 G800I-6-100 型换热器中，G 表示固定管板式列管换热器，壳体公称直径为 800 mm，管程数为 1，公称压力为 6 at，公称换热面积为 100 m^2。

2）浮头式换热器（代号 F）

新型浮头式换热器浮头端结构，包括圆筒、外头盖侧法兰、浮头管板、钩圈、浮头盖、外头盖及丝孔、钢圈等，如图 2.16 所示。

浮头式换热器可采用标准系列：系列代号（F），壳体公称直径（mm），传热面积（m^2），承受压力（at），管程数等。如 F_A600-130-16-2 型换热器中，F 表示为浮头式列管换热器，下标 A 表示换热管规格为 Φ19 mm×2 mm，正三角形排列（若下标为 B，则表示换热管为 Φ25 mm×2.5 mm，正方形排列），壳体公称直径为 600 mm，公称传热面积为 130 m^2，公称压力为 16 at，管程数为 2。

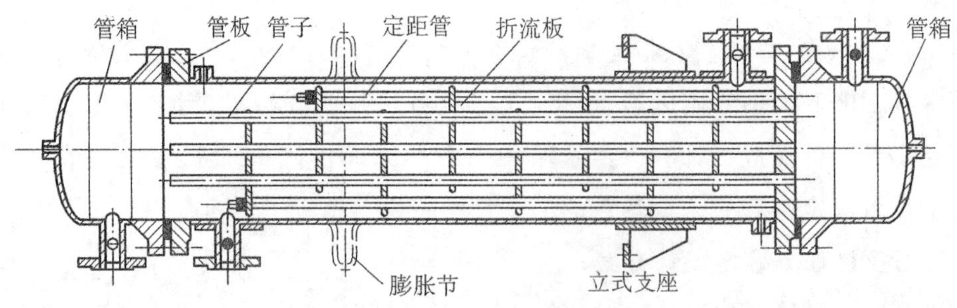

图 2.15　固定管板式换热器

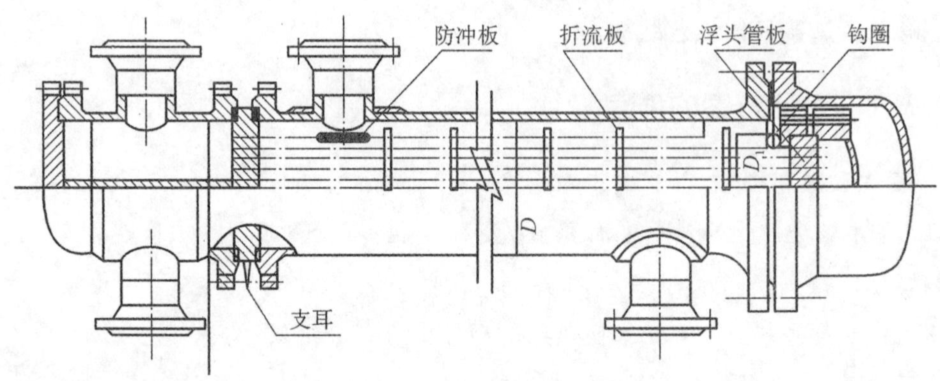

图 2.16　浮头式换热器

3) U 形管式换热器(代号 Y)

U 形管式换热器(见图 2.17)可采用标准系列:系列代号(Y),设备公称直径(mm),公称换热面积(m^2),管程压力(at)/壳程压力(at),管程数等。如 Y_B600-90-40/16-4 型换热器中,Y 表示为 U 形管式列管换热器,换热管规格为 Φ25 mm×2.5 mm,正方形排列,壳体公称直径为 600 mm,换热面积为 90 m^2,管程公称压力为 40 at,壳程公称压力为 16 at,管程数为 4。

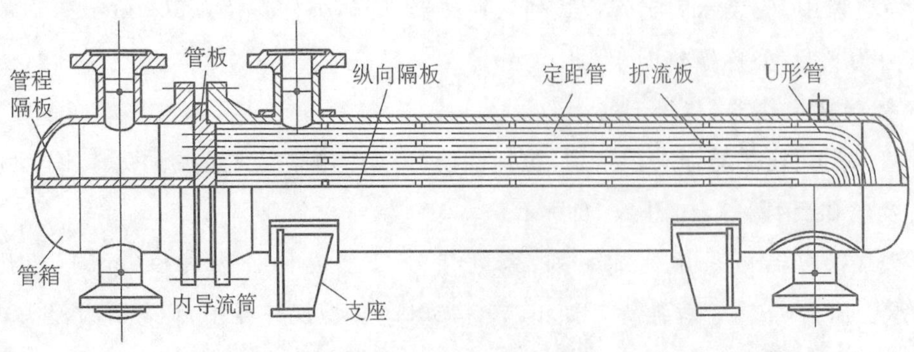

图 2.17　U 形管式换热器

3. 流体流径的选择

在管壳式换热器的计算时，遵循以下原则决定何种流体走管程，何种流体走壳程。

(1) 尽量增大两侧传热系数较小的一个，使传热面两侧的传热系数接近。

(2) 在运行温度较高的换热器中，尽量减少热量损失；而对于一些制冷装置，尽量减少冷量损失。

(3) 管、壳程的决定应考虑方便清洗、除垢和维修，以保证运行的可靠性。

(4) 减小管子和壳体因受热不同而产生的热应力，且顺流式优于逆流式。因为顺流式进出口端的温度比较平均，不像逆流式那样，热、冷流体的高温部分均集中于一端，低温部分集中于另一端，易于因两端收缩不同而产生热应力。

(5) 对于有毒介质或气相介质，为防止泄漏，注意密封。密封要简便、可靠。

(6) 尽量避免采用贵金属，以降低成本。

1) 宜于走管程的流体

(1) 不洁净或易结垢的流体。因为在管内空间流速高，悬浮物不易沉积，且管内清洗比较方便。

(2) 与外界温差大的流体，减少热量的逸散。

(3) 压力高的流体，管子承压能力强，可简化壳体密封要求，节省壳程金属用量。

(4) 腐蚀性强的流体，避免壳体和管子同时受腐蚀，管子也便于清洗和检修。

(5) 有毒流体，可以减少泄漏。

2) 宜于走壳程的流体

(1) 当两流体温差较大时，对流传热系数大的流体走管间。这样可以减少管壁与壳壁间的温差，因而也减少了管束与壳体间的相对伸长，故温差应力可以降低。

(2) 若两流体给热性能相差较大时，对流传热系数小的流体走管间。此时可以用翅片管来平衡传热面两侧的给热条件，使之相互接近。

(3) 饱和蒸汽，以便于及时排除冷凝液，且蒸汽较洁净，对清洗无要求。

(4) 黏度大的流体或流量小的流体，在有折流板的壳程流动时，流速和流向不断变化，在低雷诺数($Re>100$)下即可达到湍流，增大对流传热系数。

(5) 被冷却的流体宜走壳程，外壳可向外散热，增大冷却效果。

此外，易析出结晶、沉渣、淤泥的流体，最好走容易清洗的管程。但在U形管换热器、浮头式换热器中，易清洗的都是壳程空间。在选择流体流径时优先考虑流体的压力、防腐和清洗的要求，然后再校核对流传热系数和压降。

4. 流速的确定

当流体无相变时，介质的流速高、换热强度大，可节省换热面积、结构紧凑、降低成本,也可抑止污垢的产生。对于含有泥沙等易沉积颗粒的流体,流速过低易导致管路阻塞;但流速大导致流动阻力增大,动力消耗增大,应当根据经济衡算选择适宜的流速。

流速的选择需考虑结构上的要求。流速高,管子的数目减少,而传热面积一定时,管长或程数增加。管子太长则不易清洗,管长一般有一定的标准;单程变多程会导致平均温度下降。根据经济核算选择适宜的流速,尽可能使流动属于湍流($Re>10^4$),黏度高的流体按层流设计,如表 2.1 所示。

表 2.1 管壳式换热器常用流速的范围 单位:m/s

介质	循环水	新鲜水	一般液体	易结垢液体	低黏度油	高黏度油	气体
管程	1.0~2.0	0.8~1.5	0.5~3.0	>1.0	0.8~1.8	0.5~1.5	5~30
壳程	0.5~1.5	0.5~1.5	0.2~1.5	>0.5	0.4~1.0	0.3~0.8	2~15

5. 加热剂、冷却剂的选择

加热剂和冷却剂的选用应满足加热和冷却温度、来源方便、价格低廉和使用安全等因素。

1) 常用加热剂

(1) 饱和水蒸气冷凝时对流传热系数很高,可以通过改变水蒸气的压力准确地控制加热温度。

(2) 燃料燃烧所排放的烟道气温度可达 100 ℃~1000 ℃,适用于高温加热。其缺点是烟道气的比热容及对流传热系数很低,加热温度控制困难。

(3) 导热油、热水或热空气也可作加热剂。

2) 常用冷却剂

水和空气是常用的冷却剂,冷却水温度一般为 10 ℃~25 ℃。若要冷却到较低温度,则采用低温介质,如冷冻盐水、氟利昂等。

6. 出口温度的确定

流体的进出口温度是由工艺条件决定的,加热剂或冷却剂的进口温度也是确定的,但其出口的温度是由设计者选定的。该温度决定加热剂或冷却剂的耗量和换热器的大小,因此温度的确定存在优化问题。例如,冷水冷却某热流体,冷水的进口温度可根据当地的气温做出估计,但冷水的出口温度需根据经济衡算来决定。为节省冷水量,降低操作费用,可让冷水的出口温度提高些,但平均传热温差下降,传热面积增大,即增加了设备投资费;反之,减小传热面积,则要增加冷水量。以上两者是互相矛盾的。适宜的出口温度应使操作费和设备费之和最小。另外,考虑到温度对污垢的影响,未经处理的河水作冷却剂时,其出口温度一般不超过 50 ℃,防止结垢增加传热阻力。

一般来说，设计的冷水两端温差取 5 ℃～10 ℃，缺水地区选用较大的温差，水源丰富地区选用较小的温差。

7. 材质的选择

换热器各种零部件应根据操作温度、操作压力、流体的腐蚀性以及对材料的制造工艺性能和经济等要求来选取，选择材料考虑强度、刚度和耐腐蚀性。碳钢 20 号价格低、强度高、耐碱不耐酸腐蚀；不锈钢 1Cr18Ni9 具有良好的耐腐蚀性和冷加工性能。

2.3.2　管壳式换热器的结构

1. 管程结构

介质流经传热管内的通道部分称为管程。

1）换热管的规格

换热器直径越小，换热器单位体积的传热面积越大。因此，对于洁净的流体，管径可以取小些；但对于不洁净或易结垢的流体，管径应取大一些，以免堵塞。目前在我国列管式换热器系列标准中，采用无缝钢管的规格多为 Φ19 mm×2.5 mm 和 Φ25 mm×2.5 mm 两种，此外，还有 Φ38 mm×2.5 mm 和 Φ57 mm×2.5 mm。不锈钢耐酸管规格为 Φ38 mm×2.5 mm 和 Φ25 mm×2 mm。

我国《钢制管壳式换热器设计规定》中推荐换热管的长度有 1.0 m、1.5 m、2.0 m、2.5 m、3.0 m、4.5 m、6.0 m、7.5 m、9.0 m、12.0 m。管长(l)与管径(D)，一般取 l/D 的值在 4～6 为宜(对直径小的换热器可大些)。

2）换热管的材料

换热管一般用光管，其结构简单、制造容易，但对流传热系数低。为强化传热，换热管的材料也可采用结构复杂的管子，如异形管、翅片管、螺纹管。

管子材料常用的有碳钢、低合金钢、铜镍合金、铝合金等。此外还有一些非金属材料，如石墨、陶瓷、聚四氟乙烯等。选材料既要满足工艺条件要求，又要经济。设备各部件可采用不同材料，但要注意不同种类的金属接触而产生的电化学腐蚀作用。

3）换热管的排列

换热管的排列方式有正方形直列、正方形错列、正三角形直列、正三角形错列和同心圆排列，如图 2.18 所示。

正方形排列便于机械清洗；正三角形直列结构紧凑；同心圆排列用于小壳径换热器，外圆布管均匀，结构更为紧凑。在我国换热器系列中，固定管板式多采用正三角形直列；浮头式多采用正方形错列排列，也有正三角形直列。

由正方形直列可知，当量直径：

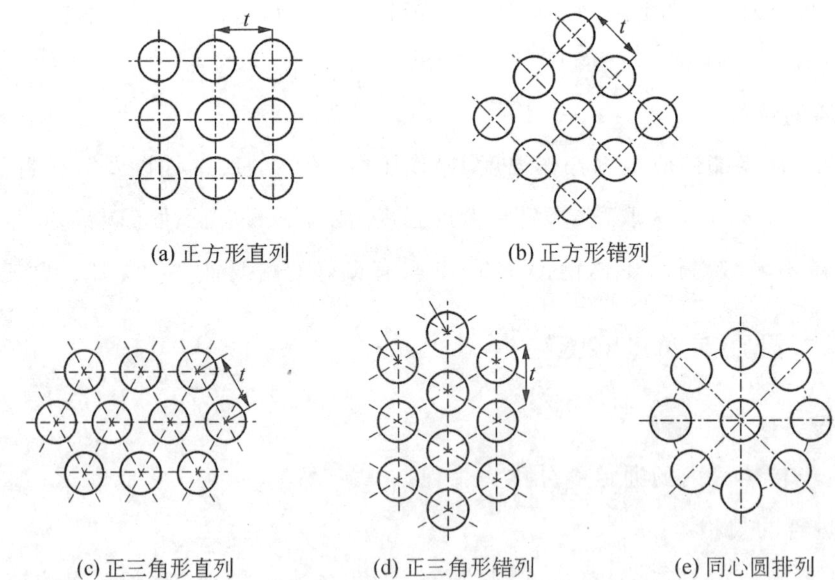

(a) 正方形直列　(b) 正方形错列

(c) 正三角形直列　(d) 正三角形错列　(e) 同心圆排列

图 2.18　换热管的排列方式

1—内管；2—外管；3—U 形肘管

$$d_e = \frac{4\left(t^2 - \frac{\pi}{4}d_o^2\right)}{\pi d_o}$$

由正三角形直列可知，当量直径：

$$d_e = \frac{4\left(\frac{\sqrt{3}}{2}t^2 - \frac{\pi}{4}d_o^2\right)}{\pi d_o}$$

4）换热管的固定

管子在管板上的固定，管子和管板须连接牢固，不产生泄漏。目前常采用胀接法、焊接法，在高温高压时也可采用胀接加焊接的方法，或爆炸胀管法。

胀接法是用胀管器将管子扩张、塑形变形，靠管子与管板间的挤压力达到密封禁锢的目的。胀接法适用于管子为碳素钢，管板为碳素钢或低合金钢，设计压力不超过 4 MPa，设计温度不超过 350 ℃的场合。

当设计压力超过 4 MPa 或设计温度超过 350 ℃时，一般多采用焊接法。这种方法可以保证在高温高压时连接的紧密性，同时焊接工艺比胀管工艺简单，管板孔加工要求低，在压力不太高时可使用较薄的管板。焊接法应注意焊接头处的热应力、腐蚀、破裂以及管板孔与管子间的间隙。

5）管中心距

管板上两管的中心距离称为管中心距（或相邻两管的中心距）。管中心距的确定，要考虑管板的强度和清洗管外表面所需空隙，也与管子在管板上的固定方法有关。管子采用焊接法固定时，相邻两管的焊缝太近会相互受到热影响，不易保证焊接质量。所以在采用焊接法时，管中心距 t 与管外径 d 的比值常取 $t=1.25d_o$。若采用胀接法，较小的管中心距会造成管板在胀接时，由于挤压力的作用发生形变，失去了管子与管板间的紧固性，所以采用胀接法时管中心距 t 与管外径 d 的比值常取 $t=(1.3\sim1.5)d_o$。

6）管板

管板的作用是将受热管束连接在一起，并将管程和壳程的流体分隔开来。

管板与壳体的连接有可拆连接和不可拆连接两种。固定管板常采用不可拆连接，两端管板直接焊在外壳上兼作法兰，并拆下顶盖检修胀口和清洗管内。浮头式换热器、U 形管换热管等为了壳体清洗方便，常将管板夹在壳体法兰和顶盖法兰之间构成可拆连接。

7）封头和管箱

封头和管箱位于壳体两端，其作用是控制及分配管程流体。

当壳体直径较小时常采用封头。封头和接管可用法兰或螺纹连接，封头与壳体之间用螺纹连接，以便卸下封头检查和清洗管子。

壳径较大的换热器大多采用管箱结构。由于管箱具有一个可拆盖板，因此在检修过清洗管子时无须卸下管箱。

换热面很大时，可采用多管程换热器，在管箱内设分程隔板，将管束分为顺次串接的若干组，各组管子数大致相等，可提高介质流速、增强传热。管程数一般有 1、2、4、6、8、10、12 等，布置方案如表 2.2 所示。布置时应尽量使管程流体与壳程流体成逆流，以增强传热，同时防止分程隔板的泄漏，以防止流体的短路。

表 2.2 管程布置

程数	1	2	4			6	
流动顺序	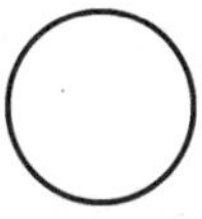	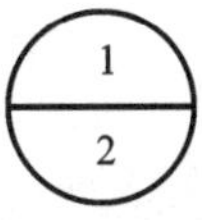 1 2	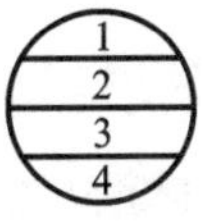 1 2 3 4	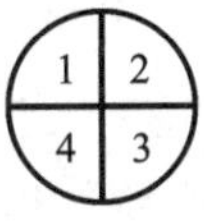 1 2 4 3	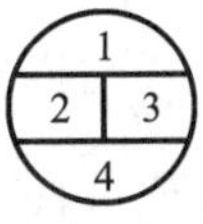 1 2 3 4	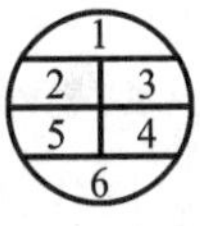 1 2 3 5 4 6	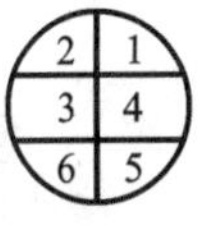 2 1 3 4 6 5
管箱隔板	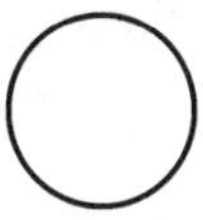	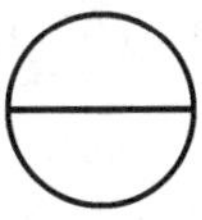	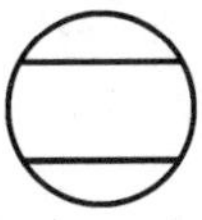		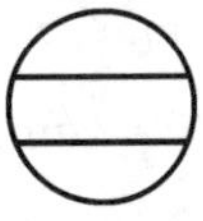	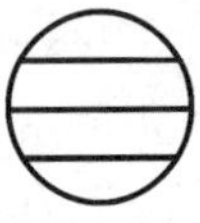	
介质返回侧隔板	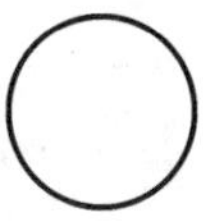	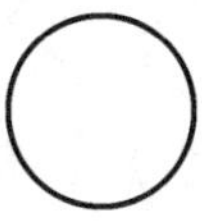	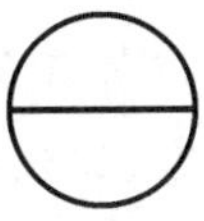	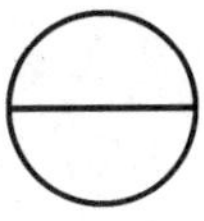		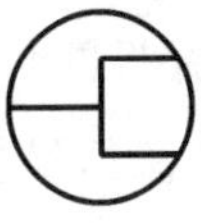	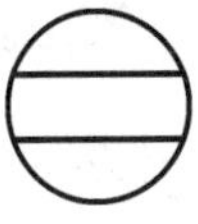

2. 壳程结构

介质流经传热管外的通道部分称为壳程。

壳程内的结构，主要由折流板、支承板、纵向挡板、旁路挡板及缓冲板等元件组成。壳程内对各种元件可分为两类：一类是为了壳程流体对传热管最有效的流动，来提高换热设备的传热效果而设置的各种挡板，如折流板、纵向挡板、旁路挡板等；另一类是为了管束的安装及保护列管而设置的，如支承板、管束的导轨及缓冲板等。

1）壳体

壳体是一个圆筒形的容器，壳壁上焊有接管，是壳程流体进口和出口。直径小于400 mm的壳体通常用钢管制成，而大于400 mm的用钢板卷焊接而成。壳体材料根据温度进行选择，在有防腐要求时，使用复合金属板。

介质在壳程的流动方式有多种型式，常采用单壳程型式。若壳侧传热膜系数远小于管侧传热膜系数，则用纵向挡板分隔成双壳程型式，或用两个换热器串联。为降低壳程降压，可采用分流或错流等型式。

壳程内径取决于传热管数 N、排列方式和管心距 t，计算公式如下。

单管程：
$$D = t(n_c - 1) + (2 \sim 3)d_o$$

式中：t 为管心距，单位为 mm；d_o 为换热管外径，单位为 mm；n_c 为横过管束中心线的管数，该值与管子排列方式有关。

正三角形排列：
$$n_c = 1.1\sqrt{N}$$

正方形排列：
$$n_c = 1.19\sqrt{N}$$

多管程：
$$D = 1.05t\sqrt{N/\eta}$$

式中：N 为排列管数目；η 为管板利用率。

正三角形排列，2管程，$\eta = 0.7 \sim 0.85$；

在不小于4管程中，$\eta = 0.6 \sim 0.8$；

正方形排列，2管程，$\eta = 0.55 \sim 0.7$；

在不小于4管程中，$\eta = 0.45 \sim 0.65$。

壳体内径 D 的计算值应圆整到标准值。D 的推荐值有100 mm、200 mm、300 mm、400 mm、450 mm、500 mm、550 mm、600 mm、650 mm、700 mm、800 mm、900 mm、1000 mm、1100 mm、1200 mm。

2）折流板

安装折流板的目的是为了提高管外表面传热系数。在壳程管束中，一般装有横向折流板，引导流体横向流过管束，增加流体速度，以增强传热。同时起支撑管束，防止管束振动和管子弯曲的作用。

折流板型式有圆缺型、环盘型和孔流型等，如图2.19所示。

圆缺型折流板又称为弓形折流板，是常用的折流板，有水平圆缺和垂直圆缺两种，

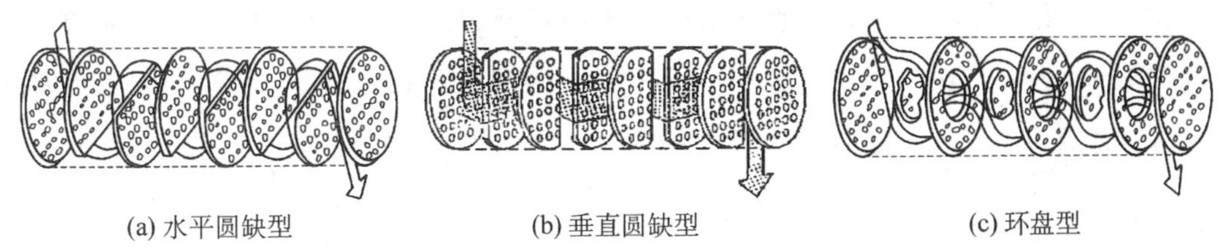

(a) 水平圆缺型　　(b) 垂直圆缺型　　(c) 环盘型

图 2.19 折流板型式

切缺率(切掉圆弧的高度与壳内之比)通常为 20%～50%。垂直圆缺型用于水平冷凝、水平再沸器和含有悬浮固体粒子流体用的水平热交换器等。选择垂直圆缺型时,不凝气不能在折流板顶部积存,而在冷凝器中,排水也不能在折流板底部积存。

圆缺型折流板弓形缺口的大小对壳程流体的流动情况有重要影响。弓形缺口太大或太小都会产生“死区”,既不利于传热,又会增加流动阻力。折流板的间距对壳程流动也有重要影响。间距太大,不能保证流体垂直流过管束,使壳程对流传热系数下降;间距太小,不便于制造和检修,阻力损失大。折流板的间距,在允许的压力损失范围内尽可能小。一般推荐折流板间距最小值为壳内径的 1/5 或者不小于 50 mm,一般取折流板间距为壳体内径的 0.2～1.0 倍。我国系列标准中采用的折流板间距,对于固定管板式有 100 mm、150 mm、200 mm、300 mm、450 mm、600 mm、700 mm 等;对于浮头式有 100 mm、150 mm、200 mm、250 mm、300 mm、350 mm、450 mm(或 480 mm)、600 mm 等。

环盘型折流板是由圆板和环形版组成的,其压降较小,但传热差。在环形板背后有堆积不凝气或污垢,故采用较少。

孔流型折流板使流体穿过折流板孔和管子之间的缝隙流动,压降大,仅适用于清洁流体,故其应用更少。

3) 缓冲板

当管程采用轴向入口接管或换热管内流体流速超过 3 m/s 时,在壳程进口接管处常装有防冲挡板(或称缓冲板)。它防止进口流体直接冲击管束而造成管子的侵蚀和管束振动,并使流体沿管束均匀分布的作用,也有在管束两端放导流筒,不仅起防冲板的作用,还可改善两端流体的分布,提高传热效率。

4) 其他主要附件

拉杆和定距管:为了使折流板能牢靠地保持在一定位置上,通常采用拉杆和定距管。

旁通挡板:如果壳体和管束之间间隙过大,则流体不通过管束而通过这个间隙旁通,为了防止这种情形,往往采用旁通挡板。

挡管:为减少管程分程所引起的中间穿流的影响,可设置挡管。挡管的表面形状为两端堵死的管子,安置在分程隔板槽背面两管板之间但不穿过管板,可与折流板焊接固定。挡管常常每隔 3～4 排换热管安置一根。

2.3.3 管壳式换热器的设计计算

1. 设计步骤

我国已制定了管壳式换热器系列标准,设计中应尽可能选用系列化的标准产品。当系列化产品不能满足需要时,应根据生产的具体要求而自行设计非系列标准的换热器。设计计算的基本步骤如下。

1) 非系列标准换热器的一般设计步骤

(1) 查冷热流体的物理性质、化学性质和腐蚀性能。

(2) 计算传热量的大小,计算热流体(或冷流体)的用量。

(3) 决定走管程、壳程的流体。

(4) 计算流体的定性温度,确定流体的物性参数。

(5) 按逆流初算有效平均温差,然后再校核。

(6) 选取管径和管内流速。

(7) 计算总传热系数 K 值,由于壳程对流传热系数与壳径、管束等结构有关,因此假定壳程对流传热系数,计算管程对流传热系数和 K 值,然后再作校核。

(8) 初估传热面积。考虑安全系数和初估性质,一般取实际传热面积是计算值的 1.15～1.25 倍。

(9) 选择管长 L。

(10) 确定管数 N。

(11) 校核管内流速,确定管程数。

(12) 画出排管图,确定壳径 D 和壳程折流板型式及数量等。

(13) 校核壳程对流传热系数。

(14) 校核有效平均温差。

(15) 校核传热面积,达到安全系数,否则需重新设计。

(16) 计算流体流动阻力。如阻力超过允许范围,需调整设计。

2) 系列标准换热器选用的设计步骤

步骤(1)～(5) 与 1)中的相同。

(6) 选取经验的传热系数 K 值。

(7) 计算传热面积。

(8) 由系列标准选取换热器的基本参数。

(9) 校核传热系数 K 值，计算管程、壳程对流传热系数，如果核算的 K 值与原选的经验值相差不大，就不再进行校核；如果相差较大，则需重新假设 K 值并重复上述(6)步以后的步骤。

(10) 校核有效平均温差。

(11) 校核传热面积，达到安全系数，一般安全系数取 1.15～1.25，否则需重新设计。

(12) 计算流体流动阻力，如果超过允许范围，需重选换热器的基本参数再进行计算。换热器的传热设计是一个反复试算的过程，有时要反复试算 2～3 次。所以，换热器设计计算实际上带有试差的性质。

2. 传热计算主要公式

传热效率方程：

$$Q = KS\Delta t_{\mathrm{m}}$$

式中：Q 为传热效率(热负荷)，单位为 W；K 为总传热系数，单位为 W/(m^2·℃)；S 为总传热面积，单位为 m^2；Δt_{m} 为对数平均温度差，单位为℃。

1) 传热速率(热负荷)Q

(1) 传热的冷热流体均没有相变化，且忽略热损失，则

$$Q = q_{\mathrm{mh}}c_{p\mathrm{h}}(T_1 - T_2) = q_{\mathrm{mc}}c_{p\mathrm{c}}(t_2 - t_1) \tag{2.1}$$

式中：q_{m} 为流体的质量流量，单位为 kg/h 或 kg/s；c_p 为流体的平均定压比热容，单位为 kJ/(kg·℃)；T 为热流体的温度，单位为℃；t 为冷流体的温度，单位为℃。

这里，下标 h 和 c 分别表示热流体和冷流体，下标 1 和 2 分别表示换热器的进口和出口。

(2) 流体有相变化，如饱和蒸汽冷凝，且冷凝液在饱和温度下排出，则

$$Q = q_{\mathrm{mh}}r = q_{\mathrm{mc}}c_{p\mathrm{c}}(t_2 - t_1) \tag{2.2}$$

式中：q_{m} 为饱和蒸汽的质量流量，单位为 kg/h 或 kg/s；r 为饱和蒸汽的汽热化，单位为 kJ/kg。

2) 平均温度差 Δt_{m}

(1) 恒温传热时的平均温度差：

$$\Delta t_{\mathrm{m}} = T - t \tag{2.3}$$

(2) 变温传热时的平均温度差。

逆流和并流：

当 $\frac{\Delta t_1}{\Delta t_2} > 2$ 时，有

$$\Delta t_{\mathrm{m}} = \frac{\Delta t_1 - \Delta t_2}{\ln \frac{\Delta t_1}{\Delta t_2}} \tag{2.4}$$

当 $\frac{\Delta t_1}{\Delta t_2} \leqslant 2$ 时，有

$$\Delta t_{\mathrm{m}} = \frac{\Delta t_1 + \Delta t_2}{2} \tag{2.5}$$

式中：Δt_2、Δt_1 分别为换热器两端热、冷流体的温差，单位为℃。

错流和折流：

$$\Delta t_{\mathrm{m}} = \varphi_{\Delta t} \Delta t'_{\mathrm{m}} \tag{2.6}$$

式中：$\Delta t'_{\mathrm{m}}$ 为按逆流计算的平均温度，单位为℃；$\varphi_{\Delta t}$ 为温差校正系数，量纲为一，$\varphi_{\Delta t} = f(R,P)$。其中

$$P = \frac{t_2 - t_1}{T_1 - t_1} = \frac{\text{冷流体的温升}}{\text{两流体的最初温差}} \tag{2.7}$$

$$R = \frac{T_1 - T_2}{t_2 - t_1} = \frac{\text{热流体的温降}}{\text{冷流体的温升}} \tag{2.8}$$

温差校正系数 $\varphi_{\Delta t}$ 根据比值 P 和 R，通过图 2.20 查出。该值实际上表示特定流动形式在给定条件下接近逆流的程度。通常在换热器的设计中规定 $\varphi_{\Delta t}$ 值不应小于 0.8，否则经济上不合理，而且操作温度略有变化会使 $\varphi_{\Delta t}$ 急剧下降，从而影响换热器的稳定性。如果达不到上述要求，则改选其他流动形式。

3）总传热系数 K（以外表面积为基准，表示为 K_{o}）

总传热系数：

$$K_{\mathrm{o}} = \frac{1}{\frac{d_{\mathrm{o}}}{\alpha_{\mathrm{i}} d_{\mathrm{i}}} + R_{\mathrm{si}} \frac{d_{\mathrm{o}}}{d_{\mathrm{i}}} + \frac{b d_{\mathrm{o}}}{\lambda d_{\mathrm{m}}} + R_{\mathrm{so}} + \frac{1}{\alpha_{\mathrm{o}}}} \tag{2.9}$$

式中：K_{o} 为以外表面积为基准的总传热系数，单位为 W/(m^2·℃)；α_{i}、α_{o} 为传热管内、外侧流体对流传热系数，单位为 W/(m^2·℃)；R_{si}、R_{so} 为传热管内、外侧表面上的污垢热阻，单位为 m^2·℃/W；d_{i}、d_{o}、d_{m} 为传热管内径、外径及平均直径，单位为 m；λ 为传热管壁导热系数，单位为 W/(m·℃)；b 为传热管壁厚，单位为 m。

4）对流传热系数

流体的不同流动状态下的对流传热系数的关联式不同，如表 2.3 和表 2.4 所示。

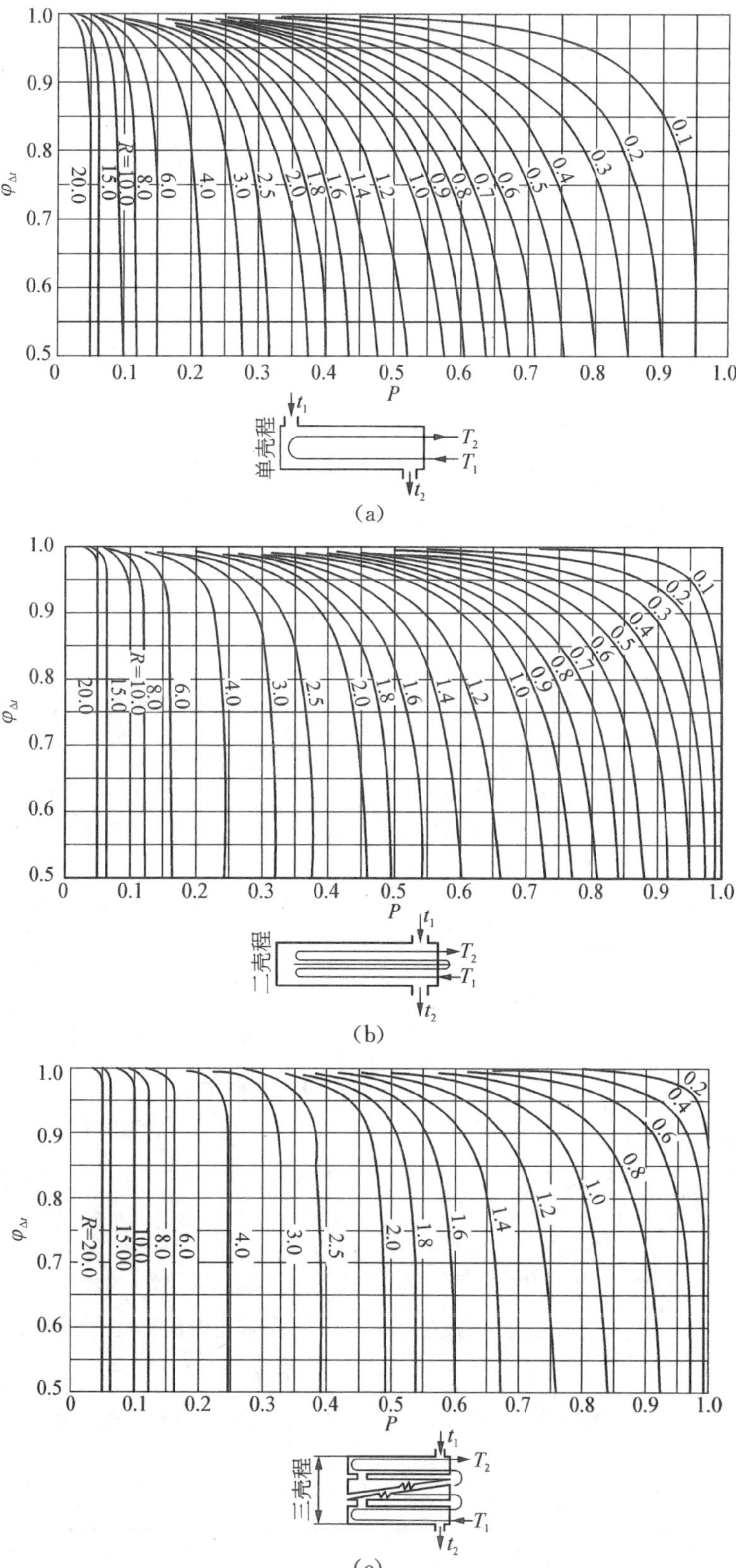

图 2.20 对数平均温度差校正系数 $\varphi_{\Delta t}$ 的值

表 2.3 流体无相变时的对流传热系数

流动状态		关 联 式	适 用 条 件
管内强制对流	圆直管内湍流	$Nu = 0.023Re^{0.8}Pr^{k}$ $\alpha = 0.023\dfrac{\lambda}{d_i}\left(\dfrac{d_i u\rho}{\mu}\right)^{0.8}\left(\dfrac{c_p\mu}{\lambda}\right)^{k}$	低黏度流体（$\mu < 2\times10^{-3}$ Pa·s）； 流体被加热时，$k=0.4$；流体被冷却时，$k=0.3Re>10^4$；$0.7<Pr<120$；$L/d_i>60$；特性尺寸：管内径 d_i； 定性温度：流体进、出口温度的算术平均值
		$Nu = 0.027Re^{0.8}Pr^{\frac{1}{3}}\left(\dfrac{\mu}{\mu_w}\right)^{0.14}$ $\alpha = 0.027\dfrac{\lambda}{d_i}\left(\dfrac{d_i u\rho}{\mu}\right)^{0.8}\left(\dfrac{c_p\mu}{\lambda}\right)^{\frac{1}{3}}\left(\dfrac{\mu}{\mu_w}\right)^{0.14}$	高黏度流体（$\mu > 2\times10^{-3}$ Pa·s）； 使用范围：$Re>10^4$；$0.7<Pr<16700$；$L/d_i>60$； 特性尺寸：管内径 d_i； 定性温度：流体进、出口温度的算术平均值（μ_w 取壁温）
	圆直管内层流	$Nu = 1.86Re^{\frac{1}{3}}Pr^{\frac{1}{3}}\left(\dfrac{d_i}{L}\right)^{1/3}\left(\dfrac{\mu}{\mu_w}\right)^{0.14}$ $\alpha = 1.86\dfrac{\lambda}{d_i}\left(\dfrac{d_i u\rho}{\mu}\right)^{\frac{1}{3}}\left(\dfrac{c_p\mu}{\lambda}\right)^{\frac{1}{3}}\left(\dfrac{d_i}{L}\right)^{\frac{1}{3}}\left(\dfrac{\mu}{\mu_w}\right)^{0.14}$	$Re<2300$；$0.6<Pr<6700$； $(RePrd_i/L)>100$； 特性尺寸：管内径 d_i； 定性温度：流体进、出口温度的算术平均值（μ_w 取壁温）
	圆直管内过渡区	$Nu = 0.023Re^{0.8}Pr^{k}$ $\alpha' = 0.023\dfrac{\lambda}{d_i}\left(\dfrac{d_i u\rho}{\mu}\right)^{0.8}\left(\dfrac{c_p\mu}{\lambda}\right)^{k}$ $\alpha = \alpha'\varphi = \alpha'\left(1-\dfrac{6\times10^5}{Re^{1.8}}\right)$	$2300<Re<10000$； α'：湍流时的对流传热系数； φ：校正系数； α：过渡区对流传热系数

续表

流动状态		关联式	适用条件
管外强制对流	管束外垂直	$Nu = 0.26Re^{0.6}Pr^{0.33}$ $\alpha = 0.26\dfrac{\lambda}{d_o}\left(\dfrac{d_o u\rho}{\mu}\right)^{0.6}\left(\dfrac{c_p\mu}{\lambda}\right)^{0.33}$	错列管束，管束排数 $=10$，$Re>3000$； 特征尺寸：管外径 d_o； 流速取通道最狭窄处。 直列管束，管束排数 $=10$，$Re>3000$； 特征尺寸：管外径 d_o； 流速取通道最狭窄处
	管间流动	$Nu = 0.36Re^{0.55}Pr^{\frac{1}{3}}\left(\dfrac{\mu}{\mu_w}\right)^{0.14}$ $\alpha = 0.36\dfrac{\lambda}{d_e}\left(\dfrac{d_e u\rho}{\mu}\right)^{0.55}\left(\dfrac{c_p\mu}{\lambda}\right)^{\frac{1}{3}}\left(\dfrac{\mu}{\mu_w}\right)^{0.14}$	壳方流体圆缺挡板（25%）； $2\times10^3<Re<10^6$； 特征尺寸：当量直径 d_e； 定性温度：流体进、出口温度的算术平均值（μ_w 取壁温）

表 2.4　流体有相变时对流传热系数

流动状态	关联式	适用条件
蒸汽冷凝	$\alpha = 1.13\left(\dfrac{\rho^2 g\lambda^3 r}{\mu L\Delta t}\right)^{\frac{1}{4}}$	垂直管外膜层流特征尺寸：垂直管的高度； 定性温度：$t_m=(t_s+t_w)/2$
	$\alpha = 0.725\left(\dfrac{\rho^2 g\lambda^3 r}{n^{\frac{2}{3}}\mu d_o\Delta t}\right)^{\frac{1}{4}}$	水平管束外冷凝； n 水平管束在垂直列上的管数，膜层流； 特征尺寸：管外径 d_o。

5）污垢热阻

污垢热阻因流体种类、操作温度和流速等不同而各异。常见流体的污垢热阻如表 2.5 和表 2.6 所示。

表 2.5　流体的污垢热阻

加热流体温度/℃	<115		115～205	
水的温度/℃	<25		>25	
水的速度/(m/s)	<1.0	>1.0	<1.0	>1.0
污垢热阻/(m^2·℃/W)				
海水	0.8598×10^{-4}		1.7197×10^{-4}	
自来水、井水、锅炉软水	1.7197×10^{-4}		3.4394×10^{-4}	
蒸馏水	0.8598×10^{-4}		0.8598×10^{-4}	
硬水	5.1590×10^{-4}		8.5980×10^{-4}	
河水	5.1590×10^{-4}	3.4394×10^{-4}	6.8788×10^{-4}	5.1590×10^{-4}

表 2.6　流体的污垢热阻

流体名称	污垢热阻/(m^2·℃/W)	流体名称	污垢热阻/(m^2·℃/W)	流体名称	污垢热阻/(m^2·℃/W)
有机化合物蒸气	0.8598×10^{-4}	有机化合物	1.7197×10^{-4}	石脑油	1.7197×10^{-4}
溶剂蒸气	1.7197×10^{-4}	盐水	1.7197×10^{-4}	煤油	1.7197×10^{-4}
天然气	1.7197×10^{-4}	熔盐	0.8598×10^{-4}	汽油	1.7197×10^{-4}
焦炉气	1.7197×10^{-4}	植物油	5.1590×10^{-4}	重油	8.5980×10^{-4}
水蒸气	0.8598×10^{-4}	原油	$(3.4394\sim12.098)\times10^{-4}$	沥青油	1.7197×10^{-3}
空气	3.4394×10^{-4}	柴油	$(3.4394\sim5.1590)\times10^{-4}$		

3. 流体流动阻力计算主要公式

流体流经列管式换热器时由于流动阻力而产生一定的压降，换热器的设计必须满足工艺要求的压降。一般合理压降的范围如表 2.7 所示。

表 2.7　合理压降的选取

操 作 情 况	操作压力/Pa	合理压降/Pa
减压操作	$p=0\sim1\times10^5$(绝)	$0.1p$
低压操作	$p=(1\sim1.7)\times10^5$(绝)	$0.5p$
	$p=(1.7\sim11)\times10^5$(绝)	0.35×10^5
中压操作	$p=(11\sim31)\times10^5$(绝)	$(0.35\sim1.8)\times10^5$
较高压操作	$p=(31\sim81)\times10^5$(表)	$(0.7\sim2.5)\times10^5$

1) 管程压降

多管程列管换热器，管程压降 $\sum p_i$：

$$\sum p_i = (\Delta p_1 + \Delta p_2) F_t N_s N_p \tag{2.10}$$

式中：Δp_1 为直管中因摩擦阻力引起的压降，单位为 Pa，可由经验公式 $\Delta p_1 = \lambda \frac{l}{d_i} \frac{\rho u^2}{2}$ 进行估算；Δp_2 为回弯管中因摩擦阻力引起的压降，单位为 Pa，可由经验公式 $\Delta p_2 = 3\left(\frac{\rho u^2}{2}\right)$ 进行估算；F_t 为结垢校正系数，量纲为一，Φ25 mm×2.5 mm 的换热管取 1.4，Φ19 mm×2 mm 的换热管取 1.5；N_s 为串联的壳程数；N_p 为管程数。

2）壳程压降

（1）壳程无折流板：壳程压降按流体沿直管流动的压降计算，以壳方的当量直径 d_e 代替直管内径 d_i。

（2）壳程有折流板：工程计算中常采用 Esso 法，即

$$\sum p_o = (\Delta p'_1 + \Delta p'_2) F_t N_s \tag{2.11}$$

式中：$\Delta p'_1$ 为流体横过管束的压降，单位为 Pa；$\Delta p'_2$ 为流体流过折流板缺口的压降，单位为 Pa；F_t 为结垢校正系数，量纲为一，对液体 $F_t = 1.15$，对气体 $F_t = 1.0$；则有

$$\Delta p'_1 = F f_o n_c (N_B + 1) \frac{\rho u_o^2}{2} \tag{2.12}$$

$$\Delta p'_2 = N_B \left(3.5 - \frac{2B}{D}\right) \frac{\rho u_o^2}{2} \tag{2.13}$$

式中：F 为管子排列方式对压降的校正系数：正三角形排列 $F = 0.5$，正方形排列 $F = 0.3$，正方形错列 $F = 0.4$；f_o 为壳程流体的摩擦系数，且有 $f_o = 5.0 \times Re_o^{-0.228}$（$Re_o > 500$）；$n_c$ 为横过管束中心线的管数；B 为折流板间距，单位为 m；D 为壳体直径，单位为 m；N_B 为折流板数目；u_o 为按壳程流通截面积 S_o（$S_o = BD\left(1 - \frac{d_o}{t}\right)$）计算的流速，单位为 m/s。

设计时换热器的工艺尺寸应在压降和传热面积之间予以平衡，达到既满足工艺要求，又经济合理。

2.3.4 管壳式换热器的设计示例

在化工生产过程中，反应器的油以流量为 1.67 kg/s，将其从 140 ℃进一步冷却至 40 ℃之后，压力为 0.3 MPa，用冷却水作为循环水，冷却水的压力为 0.4 MPa，循环水的入口温度为 30 ℃，出口温度为 40 ℃。根据定性温度，分别查取壳程和管程流体的有关物性数据，并设计一台列管式换热器。

1. 设计方案的确定

1）选择换热器的类型

两流体温度变化情况：油进口温度 140 ℃，出口温度 40 ℃；冷流体循环水进口温度

30 ℃，出口温度 40 ℃。该换热器采用循环冷却水进行冷却，由于冬季进行作业时进口温度会比平常的降低，根据实际情况估计该因素下导致换热器的管壁温度和壳体壁温度之差较大，因此初步选用带有膨胀节的固定管板式换热器。

2）流动空间及流速的确定

由于循环冷却水较易结垢，为便于水垢清洗，应使循环水走管程，油品走壳程。选用 $\Phi 25\ \text{mm}\times 2.5\ \text{mm}$ 的碳钢管，管内流速取 $u_i=0.5\ \text{m/s}$。

2. 物性数据

定性温度：可取流体进出口温度的平均值。

壳程油的定性温度为

$$T=(140+40)/2=90(℃)$$

管程水的定性温度为

$$t=(30+40)/2=35(℃)$$

根据定性温度，分别查取壳程和管程流体的有关物性数据。

油的有关物性数据随温度变化不大，物性数据如下。

密度：$\rho_o=825\ \text{kg/m}^3$

定压比热容：$c_{po}=2.22\ \text{kJ/(kg}\cdot ℃)$

导热系数：$\lambda_o=0.14\ \text{W/(m}\cdot ℃)$

黏度：$\mu_o=0.000715\ \text{Pa}\cdot\text{s}$

循环冷却水在 35 ℃下的物性数据。

密度：$\rho_i=994\ \text{kg/m}^3$

定压比热容：$c_{pi}=4.08\ \text{kJ/(kg}\cdot ℃)$

导热系数：$\lambda_i=0.626\ \text{W/(m}\cdot ℃)$

黏度：$\mu_i=0.000725\ \text{Pa}\cdot\text{s}$

3. 计算总传热系数

（1）热流量：

$$Q=q_{mo}c_{po}\Delta T_o=q_{mo}c_{po}(T_1-T_2)=1.67\times 2.22\times(140-40)=370.74\ (\text{kW})$$

（2）平均传热温差：

$$\Delta t_1=T_1-t_2=140-40=100\ (℃)$$

$$\Delta t_2=T_2-t_1=40-30=10\ (℃)$$

$$\Delta t'_m=\frac{\Delta t_1-\Delta t_2}{\ln\dfrac{\Delta t_1}{\Delta t_2}}=\frac{100-10}{\ln\dfrac{100}{10}}=39\ (℃)$$

（3）冷却水用量：

$$q_{mi}=\frac{Q}{c_{pi}\Delta t_i}=\frac{Q}{c_{pi}(t_2-t_1)}=\frac{370.74}{4.08\times(40-30)}=9.09\ (\mathrm{kg/s})$$

（4）总传热系数 K。

①管程传热系数：

$$Re_i=\frac{d_i u_i \rho_i}{\mu_i}=\frac{0.02\times0.5\times994}{0.000725}=13710$$

$$c_{pi}=4.08\times10^3\ \mathrm{J/(kg\cdot ℃)}$$

$$Pr_i=\frac{c_{pi}\mu_i}{\lambda_i}=\frac{4.08\times10^3\times0.000725}{0.626}$$

$$\begin{aligned}\alpha_i&=0.023\frac{\lambda_i}{d_i}Re_i^{0.8}Pr_i^{0.4}\\&=0.023\times\frac{0.626}{0.02}\times13710^{0.8}\times\left(\frac{4.08\times10^3\times0.000725}{0.626}\right)^{0.4}\\&=2733(\mathrm{W/(m^2\cdot ℃)})\end{aligned}$$

②壳程传热系数。

假设壳程的传热系数：

$$\alpha_o=290\ \mathrm{W/(m^2\cdot ℃)}$$

管内水污垢热阻：

$$R_{si}=0.000344\ \mathrm{m^2\cdot ℃/W}$$

管外油污垢热阻：

$$R_{so}=0.00017\ \mathrm{m^2\cdot ℃/W}$$

选用 $\Phi25\ \mathrm{mm}\times2.5\ \mathrm{mm}$ 的碳钢管，碳钢管管壁的导热系数 $\lambda=45\ \mathrm{W/(m\cdot ℃)}$，厚度 $b=2.5\ \mathrm{mm}$，管外径 $d_o=25\ \mathrm{mm}$，管内径 $d_i=20\ \mathrm{mm}$，管平均直径 $d_m=22.5\ \mathrm{mm}$，以外表面积 S 为基准计算总传热系数 K_o，即

$$\begin{aligned}K_o&=\frac{1}{\dfrac{d_o}{\alpha_i d_i}+R_{si}\dfrac{d_o}{d_i}+\dfrac{bd_o}{\lambda d_m}+R_{so}+\dfrac{1}{\alpha_o}}\\&=\frac{1}{\dfrac{0.025}{2733\times0.020}+0.000344\times\dfrac{0.025}{0.020}+\dfrac{0.0025\times0.025}{45\times0.0225}+0.000172+\dfrac{1}{290}}\\&=219.1(\mathrm{W/(m^2\cdot ℃)})\end{aligned}$$

4. 计算传热面积

由于

$$S'=\frac{Q}{K_o\Delta t'_m}=\frac{370.74\times10^3}{219.1\times39}=43.4(\mathrm{m^2})$$

考虑 15％的面积裕度，则

$$S = 1.15S' = 1.15 \times 43.4 = 49.9(\mathrm{m}^2)$$

5. 工艺结构尺寸

1）管径和管内流速

选用 Φ25 mm×2.5 mm 传热管（碳钢），取管内流速 $u_i=0.5$ m/s。

2）管程数和传热管数

依据传热管内径和流速确定单程传热管数，取整有

$$n_s = \frac{q_v}{\frac{\pi}{4}d_i^2 u_i} = \frac{q_{mi}}{\rho_i \frac{\pi}{4}d_i^2 u_i} = \frac{9.09}{994 \times 0.785 \times 0.02^2 \times 0.5} = 58.2 \approx 59(\text{根})$$

由单管程计算可知，传热所需的传热管长度为

$$L = \frac{S}{\pi d_o n_s} = \frac{49.9}{3.14 \times 0.025 \times 59} = 10.8\ (\mathrm{m})$$

若按单管程设计，传热管过长，应该采用多管程结构设计。现取传热管长 $l=6$ m，则该换热器管程数为

$$N_p = \frac{L}{l} = \frac{10.8}{6} \approx 2(\text{管程})$$

传热管总根数：

$$N = N_p \times n_s = 2 \times 59 = 118(\text{根})$$

3）平均传热温差校正及壳程数

平均传热温差校正系数：

$$R = \frac{T_1 - T_2}{t_2 - t_1} = \frac{140-40}{40-30} = 10$$

$$P = \frac{t_2 - t_1}{T_1 - t_1} = \frac{40-30}{140-30} = 0.091$$

按单壳程双管程结构，温度校正系数查图 2.20(a)。若 R 太大，在图上难以读出，因而相应以 $1/R$ 代替 R，PR 代替 P，查一图线，或者由

$$\varphi = \frac{\frac{\sqrt{R^2+1}}{R-1}\ln\frac{1-P}{1-PR}}{\ln\frac{2-P(1+R-\sqrt{R^2+1})}{2-P(1+R+\sqrt{R^2+1})}}$$

$$=0.83$$

可得折流平均传热温差：

$$\Delta t_m = \varphi \Delta t'_m = 0.83 \times 39 = 33\ (^\circ\mathrm{C})$$

4）传热管排列和分程方法

采用组合排列法，即每程管程排列均按正三角形直列，隔板两侧则采用正方形直

列。取管心距 $t=1.25d_o$,则

$$t = 1.25d_o = 1.25 \times 25 = 31.25 \approx 32\ (\text{mm})$$

横过管束中心线的管数:

$$n_c = 1.19\sqrt{N} = 1.19\sqrt{118} = 13(\text{根})$$

5) 壳体内径

采用多管程结构,取管板利用率 $\eta=0.7$,则壳体内径为

$$D = 1.05t\sqrt{\frac{N}{\eta}} = 1.05 \times 32\sqrt{118/0.7} = 436.2\ (\text{mm})$$

圆整可取 $D=450$ mm。

6) 折流挡板

如若采用圆缺形挡板,弓形切口高度为壳体直径的25%,切去的圆缺高度为

$$h=25\%D=0.25\times450=112.5(\text{m})$$

故可取整 $h=110$ mm。

取折流挡板间距 $B=0.3D$,则

$$B=0.3\times450=135(\text{mm})$$

可取整 B 为150 mm。

折流挡板数:

$$N_B=\frac{\text{传热管长}}{\text{折流挡板间距}}-1=\frac{6000}{150}-1=39(\text{块})$$

折流挡板圆缺面水平装配。

7) 接管

确定壳程流体进出口接管:取接管内油的流速为 $u=1.00$ m/s,则接管内径为

$$d = \sqrt{\frac{4q_v}{\pi u}} = \sqrt{\frac{4q_m}{\rho\pi u}} = \sqrt{\frac{4\times1.67}{825\times3.14\times1.0}} = 0.051\ (\text{m})$$

取标准管径为50 mm。

确定管程流体进出口接管:取接管内循环水流体的流速为 $u=1.5$ m/s,则接管内径为

$$d = \sqrt{\frac{4q_v}{\pi u}} = \sqrt{\frac{4q_m}{\rho\pi u}} = \sqrt{\frac{4\times9.09}{994\times3.14\times1.5}} = 0.088\ (\text{m})$$

取标准管径为80 mm。

6. 换热器核算

1) 热量核算

(1) 壳程对流传热系数。对圆缺形折流板,可采用凯恩公式:

$$\alpha_o = 0.36\frac{\lambda_o}{d_e}Re_o^{0.55}Pr_o^{\frac{1}{3}}\left(\frac{\mu_o}{\mu_w}\right)^{0.14}$$

由正三角形直列可得当量直径：

$$d_e = \frac{4\left(\frac{\sqrt{3}}{2}t^2 - \frac{\pi}{4}d_o^2\right)}{\pi d_o} = \frac{4\left(\frac{\sqrt{3}}{2}\times 0.032^2 - \frac{3.14}{4}\times 0.025^2\right)}{3.14\times 0.025} = 0.020\ (\mathrm{m})$$

壳程流通截面积：

$$S_o = BD\left(1-\frac{d_o}{t}\right) = 0.15\times 0.45\times\left(1-\frac{0.025}{0.032}\right) = 0.01476(\mathrm{m}^2)$$

壳程流体流速及其雷诺数分别为

$$u_o = \frac{q_{vo}}{S_o} = \frac{q_{mo}}{\rho_o S_o} = \frac{1.67}{825\times 0.01476} = 0.137\ (\mathrm{m/s})$$

$$Re_o = \frac{d_e u_o \rho_o}{\mu_o} = \frac{0.020\times 0.137\times 825}{0.000715} = 3161$$

普兰特准数：

$$c_{po} = 2.22\times 10^3\ \mathrm{J/(kg\cdot ^\circ C)},\quad Pr_o = \frac{c_{po}\mu_o}{\lambda_o} = \frac{2.22\times 10^3\times 0.000715}{0.140} = 11.34$$

黏度校正：$\left(\frac{\mu_o}{\mu_w}\right)^{0.14} \approx 1$

$$\alpha_o = 0.36\frac{\lambda_o}{d_e}Re_o^{0.55}Pr_o^{\frac{1}{3}}\left(\frac{\mu_o}{\mu_w}\right)^{0.14} = 0.36\times\frac{0.140}{0.020}\times 3161^{0.55}\times 11.34^{1/3}$$

$$= 476(\mathrm{W/(m^2\cdot ^\circ C)})$$

（2）管程对流传热系数：

$$\alpha_i = 0.023\frac{\lambda_i}{d_i}Re_i^{0.8}Pr_i^{0.4}$$

管程流通截面积：

$$S_i = \frac{\pi}{4}\times d_i^2\times n_s = \frac{3.14}{4}\times 0.02^2\times 59 = 0.0185(\mathrm{m}^2)$$

管程流体流速：

$$u_i = \frac{q_{vi}}{S_i} = \frac{q_{mi}}{\rho_i S_i} = \frac{9.09}{994\times 0.0185} = 0.494\ (\mathrm{m/s})$$

$$Re_i = \frac{d_i u_i \rho_i}{\mu_i} = \frac{0.02\times 0.494\times 994}{0.000725} = 13546$$

普兰特准数：

$$c_{pi} = 4.08\times 10^3\ \mathrm{J/(kg\cdot ^\circ C)},\quad Pr_i = \frac{c_{pi}\mu_i}{\lambda_i} = \frac{4.08\times 10^3\times 0.000725}{0.626} = 4.73$$

$$\alpha_i = 0.023\frac{\lambda_i}{d_i}Re_i^{0.8}Pr_i^{0.4} = 0.023\times\frac{0.626}{0.02}\times 13546^{0.8}\times 4.73^{0.4}$$

$$= 2708(\mathrm{W/(m^2\cdot ^\circ C)})$$

(3) 总传热系数：

$$K_o=\frac{1}{\dfrac{d_o}{\alpha_i d_i}+R_{si}\dfrac{d_o}{d_i}+\dfrac{bd_o}{\lambda d_m}+R_{so}+\dfrac{1}{\alpha_o}}$$

$$=\frac{1}{\dfrac{0.025}{2708\times 0.020}+0.000344\times\dfrac{0.025}{0.020}+\dfrac{0.0025\times 0.025}{45\times 0.0225}+0.000172+\dfrac{1}{476}}$$

$$=310.5(\mathrm{W/(m^2\cdot ^\circ C)})$$

(4) 传热面积：

$$S=\frac{Q}{K_o\Delta t_m}=\frac{370.74\times 10^3}{310.5\times 33}=36.18(\mathrm{m^2})$$

该换热器的实际传热面积：

$$S_p=\pi d_o lN=3.14\times 0.025\times 6\times 118=55.58(\mathrm{m^2})$$

该换热器的面积裕度为

$$H=\frac{S_p-S}{S}=\frac{55.58-36.18}{36.18}=53.6\%(\text{一般为 }15\%\sim 25\%)$$

传热面积裕度太大，超过25%，调整换热器管长4.5 m，根数118根；再计算该换热器的实际传热面积S_p：

$$S_p=\pi d_o lN=3.14\times 0.025\times 4.5\times 118=41.68(\mathrm{m^2})$$

该换热器的面积裕度为

$$H=\frac{S_p-S}{S}=\frac{41.68-36.18}{36.18}=15.2\%$$

传热面积裕度合适，能够完成生产任务。相应需修改的参数如下。

折流挡板数：

$$N_B=\frac{\text{传热管长}}{\text{折流挡板间距}}-1=\frac{4500}{150}-1=29(\text{块})$$

2) 换热器内流体的流动阻力

(1) 管程流动阻力：

$$\sum p_i=(\Delta p_1+\Delta p_2)F_t N_s N_p$$

由于壳程$N_s=1$，管程$N_p=2$，Φ25 mm×2.5 mm，结垢校正系数Φ25 mm×2.5 mm，传热管$F_t=1.4$，则流体流过直管中的压降为

$$\Delta p_1=\lambda_i\frac{l}{d_i}\frac{\rho u^2}{2}$$

流体流过回弯管中的压降为

$$\Delta p_2=3\left(\frac{\rho u^2}{2}\right)$$

由 $Re_i=13326$，传热管相对粗糙度 $\frac{\varepsilon}{d}=\frac{0.1}{20}=0.005$，查莫狄摩擦系数图得到摩擦系数 $\lambda_i=0.037$，又因为流速 $u_i=0.486\ \text{m/s}$，$\rho_i=994\ \text{kg/m}^3$，所以有

$$\Delta p_1=\lambda_i\frac{l}{d_i}\frac{\rho u^2}{2}=0.037\times\frac{4.5}{0.02}\times\frac{994\times0.486^2}{2}=977.3\ (\text{Pa})$$

$$\Delta p_2=3\left(\frac{\rho u^2}{2}\right)=3\times\frac{994\times0.486^2}{2}=352.2\ (\text{Pa})$$

管程总阻力：

$$\begin{aligned}\sum p_i&=(\Delta p_1+\Delta p_2)F_tN_sN_p=(977.3+352.2)\times1.4\times1\times2\\&=3723\ (\text{Pa})<10\ (\text{kPa})\end{aligned}$$

故管程流动阻力在允许范围之内。

(2) 壳程阻力：

$$\sum p_o=(\Delta p'_1+\Delta p'_2)F_tN_s$$

由于壳程 $N_s=1$，液体结垢校正系数 $F_t=1.15$，则流体横过管束的阻力为

$$\Delta p'_1=Ff_on_c(N_B+1)\frac{\rho u_o^2}{2}$$

管子的排列方式对压降的校正系数有影响，当排列方式呈正三角形排列时，$F=0.5$，壳程流体的摩擦系数：

$$f_o=5.0\times Re_o^{-0.228}=5.0\times3161^{-0.228}=0.7962(Re_o>500)$$

$$n_c=13,\quad N_B=29$$

$$\begin{aligned}\Delta p'_1&=Ff_on_c(N_B+1)\frac{\rho u_o^2}{2}\\&=0.5\times0.7962\times13\times(29+1)\times\frac{825\times0.137^2}{2}=1202\ (\text{Pa})\end{aligned}$$

流体流过折流挡板缺口的阻力：

$$\Delta p'_2=N_B\left(3.5-\frac{2B}{D}\right)\frac{\rho u_o^2}{2}$$

由于 $B=150\ \text{mm}$，$D=450\ \text{mm}$，$N_B=29$，$u_o=0.137\ \text{m/s}$，则

$$\Delta p'_2=N_B\left(3.5-\frac{2B}{D}\right)\frac{\rho u_o^2}{2}=29\left(3.5-\frac{2\times150}{450}\right)\times\frac{825\times0.137^2}{2}=636.2\ (\text{Pa})$$

壳程总阻力为

$$\begin{aligned}\sum p_o&=(\Delta p'_1+\Delta p'_2)F_tN_s=(1202+636.2)\times1.15\times1\\&=2114\ (\text{Pa})<10\ (\text{kPa})\end{aligned}$$

故壳程流动阻力也比较适宜。

换热器主要结构尺寸和计算结果如表 2.8 所示。

表 2.8 换热器主要结构尺寸和计算结果

<table>
<tr><td colspan="6">换热器形式:固定管板式</td></tr>
<tr><td colspan="6">工艺参数
换热面积(m^2):41.68</td></tr>
<tr><td>名称</td><td colspan="2">管程</td><td colspan="3">壳程</td></tr>
<tr><td>物料名称</td><td colspan="2">循环水</td><td colspan="3">油</td></tr>
<tr><td>操作压力/MPa</td><td colspan="2">0.4</td><td colspan="3">0.3</td></tr>
<tr><td>操作温度/℃</td><td colspan="2">30/40</td><td colspan="3">140/40</td></tr>
<tr><td>流量/(kg/s)</td><td colspan="2">9.09</td><td colspan="3">1.67</td></tr>
<tr><td>流体密度/(kg/m^3)</td><td colspan="2">994</td><td colspan="3">825</td></tr>
<tr><td>流速/(m/s)</td><td colspan="2">0.494</td><td colspan="3">0.137</td></tr>
<tr><td>传热量/kW</td><td colspan="5">370.74</td></tr>
<tr><td>总传热系数/(W/(m^2·℃))</td><td colspan="5">310.5</td></tr>
<tr><td>对流传热系数/(W/(m^2·℃))</td><td>2708</td><td colspan="4">476</td></tr>
<tr><td>污垢系数/((m^2·℃)/W)</td><td>0.000344</td><td colspan="4">0.000172</td></tr>
<tr><td>阻力降/MPa</td><td>0.003846</td><td colspan="4">0.002114</td></tr>
<tr><td>程数</td><td>2</td><td colspan="4">1</td></tr>
<tr><td>推荐使用材料</td><td>碳钢</td><td colspan="4">碳钢</td></tr>
<tr><td>管子规格</td><td>Φ25 mm×2.5 mm</td><td>管数/根</td><td>118</td><td>管长/mm</td><td>4500</td></tr>
<tr><td>管心距/mm</td><td>32</td><td colspan="2">排列方式</td><td colspan="2">正三角形</td></tr>
<tr><td>折流板形式</td><td>水平圆缺</td><td>间距/mm</td><td>150</td><td>切口高度/mm</td><td>110</td></tr>
<tr><td>壳体内径/mm</td><td>450</td><td>保温层厚度/mm</td><td colspan="3">/</td></tr>
</table>

接管表		
符号	尺寸	用途
a	DN80	循环水进口
b	DN80	循环水出口
c	DN50	油进口
d	DN50	油出口

注:当 D=400～700 mm 时,拉杆为 4 根;当 D=700～1300 mm 时,拉杆为 6 根;当 D=1300 mm 时,拉杆为 8 根。

学生作业设计图纸：

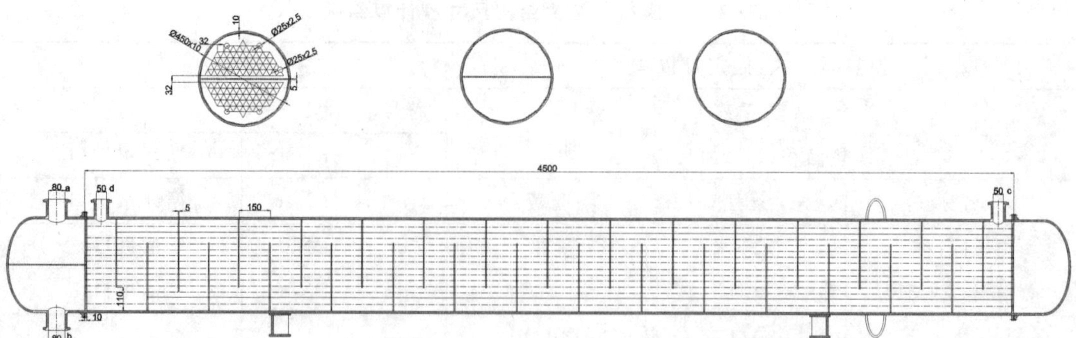
Ø450x10
32
10
Ø25x2.5
Ø25x2.5
32
5
4500
80 a
50 d
5
150
50 c
110
10
80 b

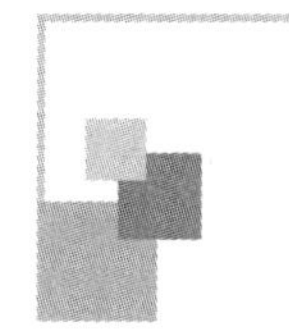

3 板式精馏塔的设计

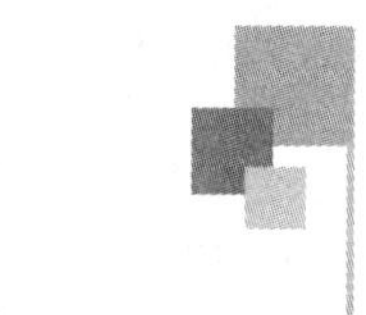

蒸馏是利用液体混合物中各组分的挥发度(或沸点)不同进行组分分离的。精馏是多次进行部分气化和部分冷凝,使其分离成几乎纯净组分的过程,而简单蒸馏和平衡蒸馏达不到这样的纯度。

塔设备是化工、石油、制药、生物等工业中广泛使用的生产设备。塔设备的基本功能在于提供气、液两相以充分接触的机会,使质、热两种传递过程能够迅速、有效地进行;接触之后的气、液两相及时分开,互不夹带。化工生产中所处理的原料、中间产物、粗产品几乎都是由若干组分组成的混合物,而且其中大部分都是均相反应后的产物。塔的设备在化学工业中占有重要的地位,其性能对于整个工艺过程的能量消耗、产品收率以及质量都有直接影响。常用的塔设备有精馏塔和吸收塔。

3.1 精馏塔的分类

根据塔内气液接触构件的结构形式,塔设备可分为板式塔和填料塔两大类。

板式塔内沿塔高装有若干层塔板(或称塔盘),气体靠压强差推动,以鼓泡或喷射的形式由塔底向上依次穿过各塔板上的液层而流向塔顶;液体靠重力作用由顶部逐板流向塔底,并在各块板面上形成流动的液层。气、液两相在塔内进行逐级接触,两相的组成沿塔高呈阶梯式变化,板式塔为逐级接触设备。

填料塔内装满一定高度的如瓷环之类的填料,液体由塔顶在填料表面逐渐往下流,气体通过各个填料的间隙上升,与液体作连续地逆流接触。气体中的溶质不断地被吸收,浓度自下而上连续的下降,液体则相反,其浓度由上而下连续的增高,填料塔为微分接触设备。

3.2 精馏塔的设计要求

1. 塔设备的性能指标

工业上,塔设备的性能指标主要包括以下几个方面。

1）生产能力

板式塔与填料塔的流体流动和传质机理不同。板式塔是通过上升气体穿过板上的液层来实现传质，塔板的开孔率一般占塔截面积的7%～10%；而填料塔是通过上升气体和靠重力沿填料表面下降的液体接触来实现传质。填料塔内件开孔率通常在50%以上，而填料层的空隙率则超过90%，一般液泛比较高，故单位塔截面积上，填料塔的生产能力一般比板式塔高。

2）分离效率

填料塔一般具有较高的分离效率。工业上常用填料塔理论级为2～8级/米。而常用的板式塔，理论板最多不超过2级/米。在减压、常压和低压（压力小于0.3 MPa）操作下，填料塔的分离效率明显优于板式塔，在高压操作下，板式塔的分离效率略优于填料塔。

3）压降

填料塔由于空隙率高，故其压降远远小于板式塔。板式塔的每个理论级压降一般为0.4～1.1 kPa，填料塔为0.01～0.27 kPa，通常板式塔的压降高于填料塔5倍左右。精馏过程中压降低不仅能降低操作费用，节约能耗，还可使塔釜温度降低，有利热敏性物系的分离。

4）操作弹性

填料本身对气液负荷变化的适应性一般很大，填料塔的操作弹性取决于塔内件的设计，尤其是液体分布器的设计，故可根据实际需要确定填料塔的操作弹性。而板式塔的操作弹性则受到塔板液泛、雾沫夹带及降液管能力的限制，操作弹性一般较小。

5）结构、制造及造价等

填料塔的结构通常较板式塔简单，故制造、维修较为方便，但填料塔的造价一般高于板式塔。

填料塔的持液量小于板式塔，板式塔持液量大，可使塔的操作平稳，不易引起产品的迅速变化。板式塔容易实现侧线进料和出料，而填料塔对侧线进料和出料等复杂情况不太适合。对于比表面积较大的高性能填料，填料层容易堵塞，故填料塔不宜直接处理有悬浮物或易聚合的物料。

2. 塔设备的选型

工业上，蒸馏多选用板式塔，而吸收多选用填料塔。近年来，随着塔设备设计水平的提高及新型塔构件的出现，在蒸馏中采用填料塔及在吸收中采用板式塔已有不少应用范例，尤其是填料塔在蒸馏中的应用已非常普遍。

塔类型应根据生产能力、分离效率、塔压降、操作弹性等要求，并结合制造、维修、造价等因素来选择。例如，对于热敏性物系的分离，要求塔压降尽可能低，宜选用填料塔；对于需侧线进料和出料的工艺过程，宜选用板式塔；对于有悬浮物或容易聚合物系的分离，为防止堵塞，宜选用板式塔；对于易发泡物系的分离，因填料层具有破碎泡沫的作用，宜选用填料塔；对于液体喷淋密度极小的工艺过程，填料层得不到充分润湿，使其分离效果明显下降，故宜选用填料塔。

本章主要介绍板式塔的塔板类型、操作特点，分析板式塔的流体流动力学特性。以筛塔板为例，阐述对精馏设备进行工艺计算及结构设计的步骤与方法。

3.3 板式精馏塔的设计

板式塔的设计步骤大致如下：

①根据工艺要求，确定设计方案，选择塔板类型；

②确定塔径、塔高等工艺尺寸；

③设计塔板，包括溢流装置的设计、塔板的布置、升气道（泡罩、筛孔或浮阀等）的设计及排列；

④进行流体力学验算；

⑤绘制塔板的负荷性能图；

⑥根据负荷性能图，对设计进行分析，若设计不够理想，调整参数，重复上述设计过程，直到符合要求。

3.3.1 设计方案的确定

1. 装置流程的确定

精馏装置包括精馏塔、原料预热器、蒸馏釜（或再沸器）、釜液冷凝器和产品冷却器等设备。蒸馏过程按操作方式的不同，分连续蒸馏和间歇蒸馏两种。连续蒸馏生产能力大，产品质量稳定，工业生产中以连续蒸馏为主。间歇蒸馏操作灵活、适应性强，适合于小规模、多品种或多组分物系的初步分离。

精馏是通过物料在塔内的多次部分气化与多次部分冷凝实现分离的，热量自塔釜输入，由冷凝器和冷却器中的冷却介质将余热带走。由于热能利用率很低，在确定装置时可考虑余热的利用。将原料作为塔顶产品（或釜液产品）冷却器的冷却介质，可节约冷却介质预热原料。

为保持塔的操作稳定性，除了用泵直接送入塔原料外也可采用高位槽送料，以免受到泵操作震动的影响。

塔顶冷凝装置可采用全凝器、分凝器—全凝器两种不同的设置。工业上常采用全凝器，以便准确控制回流比。塔顶分凝器对上升蒸气有一定的增浓作用，若后接装置使用气态物料，则宜使用分凝器。合适的回流比 R 涉及设备费与操作费等费用问题，而影响精馏操作费用的主要因素是塔内蒸气量 V。对于一定的生产能力，即馏出量 D 一定时，V 的大小取决于回流比。实际回流比总是介于最小回流比和全回流时回流比两种极限之间。回流比最小时理论塔板数无穷大，设备费用也无穷大。

总之，确定流程时要兼顾设备费用、操作费用、操作控制及安全等因素。

2. 操作压力的选择

蒸馏过程按操作压力不同可分为常压蒸馏、减压蒸馏、加压蒸馏。除热敏性物系外，凡通过常压蒸馏能够实现分离要求，并能用江河水或循环水将馏出物冷凝下来的物系，一般都应采用常压蒸馏；对热敏性物系或混合物泡点过高的物系，则采用减压蒸馏；对常压下馏出物的冷凝温度过低的物系，需提高塔压或采用深井水、冷冻盐水作为冷却剂；而常压下呈气态的物系必须采用加压蒸馏。例如，苯乙烯常压沸点为 145.2 ℃，将其加热到 102 ℃以上会发生聚合，故苯乙烯应采用减压蒸馏；脱丙烷塔操作压力提高到 1765 kPa 时，冷凝温度约为 50 ℃，便可用江河水或者循环水进行冷却，则运转费用减少；石油气常压呈气态，必须采用加压蒸馏。

3. 进料热状况的选择

蒸馏操作有五种进料热状况：冷液进料、饱和液体进料、气液混合进料、饱和蒸汽进料、过热蒸汽进料。工业上多采用饱和液体（泡点）进料和接近泡点的液体进料，通常用釜残液预热原料。若工艺要求减少塔釜的加热量，以避免釜温过高、料液聚合或结焦，则采用气态进料。

4. 加热方式的选择

蒸馏多采用间接蒸汽加热，设置蒸馏釜。有时也可采用直接蒸汽加热，如蒸馏釜残液中的主要组分是水，且在低浓度下轻组分的相对挥发度较大时（如乙醇与水混合液）宜用直接蒸汽加热，其优点是可以利用压强较低的加热蒸汽以节省操作费用，并省去间接加热设备。但由于直接蒸汽的加入，对釜内溶液有一定稀释，在进料条件和产品纯度、轻组分收率一定的前提下，釜液浓度相应降低，故需要增加提馏段塔板以达到生产要求。

5. 回流比的选择

回流比是精馏操作的重要工艺条件，其选择的原则是使设备费和操作费用之和最低。设计时，根据实际需要选定回流比，或参考同类生产的经验值选定。必要时选用若干个 R 值，利用吉利兰图（简捷法）求出对应理论板数 N，做出 N-R 曲线，从中找出适宜

操作回流比 R，也可做出 R 对精馏操作费用的关系曲线，从中确定适宜回流比 R。

3.3.2　塔板的类型与选择

塔板是板式塔的主要构件，主要有下列几种。

1. 泡罩塔板

泡罩塔板（见图 3.1）上设有许多供蒸气通过的升气管，其上覆以钟形泡罩，升气管与泡罩之间形成环形通道。传质元件为泡罩分圆形和条形两种，多选用圆形泡罩，其尺寸一般为 Φ80 mm、Φ100 mm、Φ150 mm 三种直径。通常塔径小于 1000 mm 时，选用 Φ80 mm 的泡罩；塔径大于 2000 mm 时，选用 Φ150 mm 的泡罩。泡罩周边开有很多称为齿缝的长孔，齿缝全部浸在板上液体中形成液封。升气管直接与塔板连接固定，由于升气管作用，避免了低气速下的漏液现象。操作时，气体沿升气管上升，经升气管与泡罩之间的环隙，通过齿缝被分散成许多细小的气泡，气泡穿过液层使之成为泡沫层，以加大两相之间的接触面积。流体由上层塔板降液管流到下层塔板的一侧，横过板上的泡罩后，开始分离所夹带的气泡，再越过溢流堰进入另一侧降液管，在管中气、液进一步分离，分离出的蒸气返回塔板上方，流体流到下层塔板。一般小塔采用圆形降液管，大塔采用弓形降液管。泡罩塔已有一百多年历史，但由于结构复杂、生产能力较低、压强降、造价高等特点，已较少采用，然而因它有操作稳定、技术比较成熟、对脏物料、黏度大、易结焦等物系不敏感等优点，故目前仍有采用。

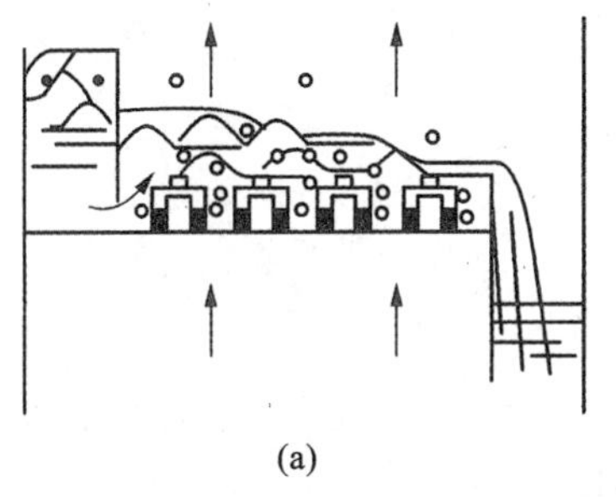

(a)

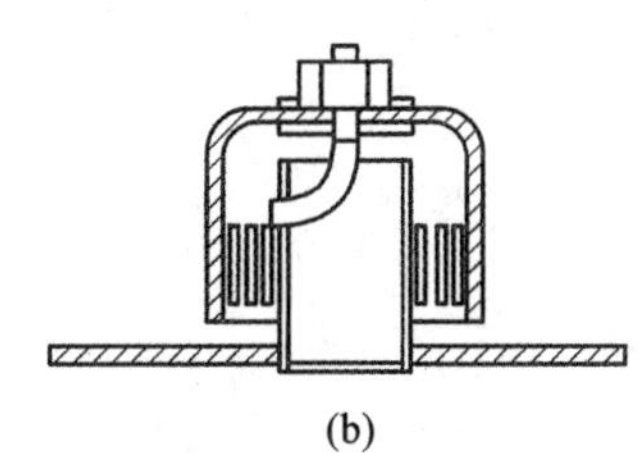

(b)

图 3.1　泡罩塔板

2. 浮阀塔板

浮阀是 20 世纪 50 年代开始启用的一种新型塔板。浮阀有盘式、条式等多种，国内多用盘式浮阀，其型号分为 F-1 型、V-4 型、A 型、十字架型和方形浮阀，如图 3.2 所示。其中 F-1 型浮阀结构较简单、性能良好，在化工及炼油生产中普遍应用，已列入标准（JB-1118-68）。F-1 型浮阀其阀孔直径为 39 mm，重阀（代表符号 Z，质量为 33 g）和分轻阀（代表符号 Q，质量为 25 g）两种。一般重阀应用较多，其操作稳定性好；轻阀泄漏量较大，只在要求塔板压降小的时候（如减压蒸馏）才采用。表 3.1 所示的是部分 F-1

型浮阀的基本参数。

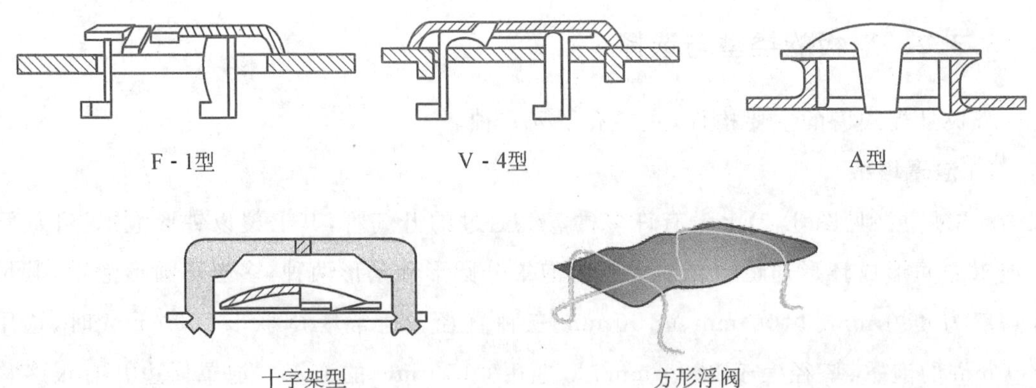

图 3.2 盘式浮阀

表 3.1 F-1 型浮阀的基本参数

序号	型式代号	阀片厚度/mm	阀重/g	适用于塔板厚度/mm	H/mm	L/mm
1	F1Q-4A	1.5	24.9	4	12.5	16.5
2	F1Z-4A	2	33.1			
3	F1Q-4B	1.5	24.6			
4	F1Z-4B	2	32.6			
5	F1Q-3A	1.5	24.7	3	11.5	15.5
6	F1Z-3A	2	32.8			
7	F1Q-3B	1.5	24.3			
8	F1Z-3B	2	32.4			
9	F1Q-3C	1.5	24.8			
10	F1Z-3C	2	33			
11	F1Q-3D	1.5	25			
12	F1Z-3D	2	33.2			
13	F1Q-2C	1.5	24.6	2	10.5	14.5
14	F1Z-2C	2	32.7			
15	F1Q-2D	1.5	24.7			
16	F1Z-2D	2	32.9			

浮阀取消了泡罩塔的泡罩与升气管，改在塔上开孔，阀片上装有限位的三条腿，浮阀可随气速的变化上、下自由浮动，提高了塔板的操作弹性、降低塔板的压降，同时具有较高塔板效率，在生产中得到广泛的应用。其缺点是处理易结焦、高黏度的物料时，阀片易与塔板黏结；在操作过程中有时会发生阀片脱落或卡死等现象，使塔板效率和操作弹性下降。

3. 筛塔板

筛板塔的概念是1932年提出的，筛板是在带有降液管的塔板上钻有3～8 mm直径的均布圆孔，液体流程与泡罩塔相同，蒸气通过筛孔将板上液体吹成泡沫，如图3.3所示。筛板上没有突起的气液接触元件，因此板上液面落差很小，一般可以忽略不计，只有在塔径较大或液体流量较高时才考虑液面落差的影响。

最初由于对筛板塔性能缺乏了解，操作经验不足，认为筛板塔易漏液、操作弹性小、易堵塞，使应用受到限制。后经研究和操作使用发现，只有设计合理操作适当，筛板塔仍可满足生产所需要弹性，而且效率较高。若将筛孔增大(孔径为10～25 mm)，堵塞问题也可解决。筛板塔结构简单、造价低廉，塔板阻力小，目前是广泛应用的一种塔形。

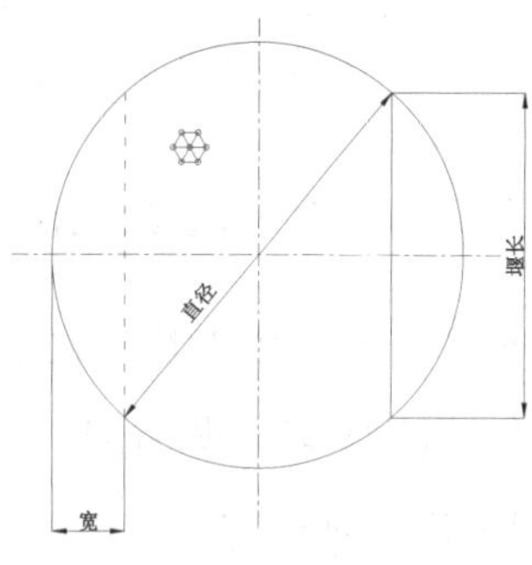

图3.3　筛板塔

4. 喷射型塔板

筛板上气体通过筛孔及液层后，夹带着液滴垂直向上流动，并将部分液滴带至上层塔板，这种现象称为雾沫夹带。雾沫夹带的产生固然可增大气液两相的传质面积，但过量的雾沫夹带会造成液相在塔板间返混，进而导致塔板效率严重下降。在浮阀塔板上，虽然气相从阀片下方以水平方向喷出，但阀与阀之间的气流相互撞击，形成较大的向上气流速度，也造成严重的雾沫夹带现象。泡罩塔板上存在液面落差，引起气体分布不均，不利于提高分离效率。基于这些缺点，开发出喷射型塔板。喷射型塔板上气体喷出的方向与液体流动的方向一致或相反。充分利用气体的动能来促进两相间的接触，提高传质效果。由于气体不必再通过较深的液层，因而压强降显著减小，且因雾沫夹带量较小，故可采用较大的气速。

将塔上冲压成斜向舌形孔，张角20°左右，如图3.4(a)所示。气相从斜孔中喷射出来，一方面将液相分散成液滴和雾沫，增大了两相传质面，同时驱动液相减小液面落差。液相在流动方向上，多次被分散和凝聚，使表面不断更新，传质面湍动加剧，提高了传质效率。若将舌形板做成可浮动舌片与塔板铰链，如图3.4(b)所示，称其为浮舌塔板，可进一步提高其操作弹性。

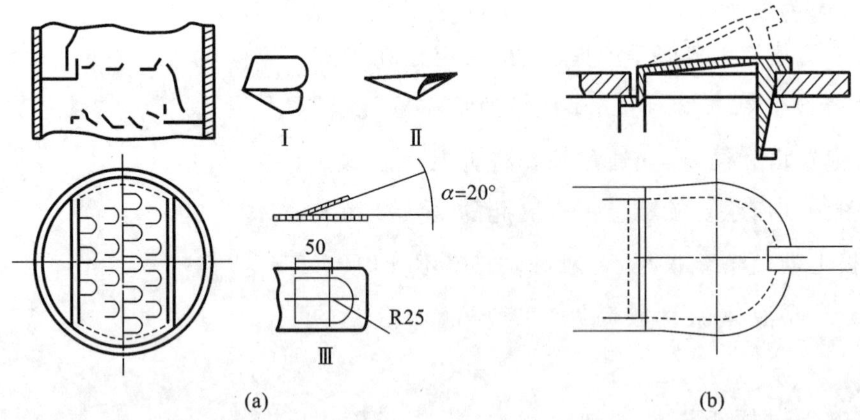

图 3.4 喷射塔板

3.3.3 板式塔的塔体工艺尺寸计算

板式塔的塔体工艺尺包括塔体的有效高度和塔径。

1. 塔的有效高度计算

1）基本计算公式

板式塔的有效高度是指安装塔板部分的高度，可按式(3.1)计算：

$$Z=\left(\frac{N_{\mathrm{T}}}{E_{\mathrm{T}}-1}\right)H_{\mathrm{T}} \tag{3.1}$$

式中：Z 为板式塔的有效高度，单位为 m；N_{T} 为塔内所需的理论板数；E_{T} 为总板效率；H_{T} 为塔板间距，单位为 m。

2）理论板数的计算

根据分离要求和操作条件，采用逐板计算法或图解法计算所需的理论板数。

(1) 逐板计算法。

根据精馏的原料 F、x_{F}，进料的温度 T_{F}，压力 p_{F}，分离要求 x_{D}、x_{W}，回流比 R，在操作压力条件下，设计精馏塔。由物料衡算方法确定采出量 D、W 及 q。已知体系操作范围内的平均相对挥发度 α，相平衡方程：

$$y_n=\frac{\alpha x_n}{1+(\alpha-1)x_n} \tag{3.2}$$

q 线方程：

$$y=\frac{q}{q-1}x-\frac{x_{\mathrm{F}}}{q-1} \tag{3.3}$$

精馏段操作线方程：

$$y_{n+1}=\frac{R}{R+1}x_n+\frac{x_{\mathrm{D}}}{R+1} \tag{3.4}$$

提馏段操作线方程：

$$y_{n+1}=\frac{L+qF}{L+qF-W}x_n-\frac{Wx_W}{L+qF-W}=\frac{L'}{V'}x_n-\frac{Wx_W}{V'} \tag{3.5}$$

两操作线交点 f 横坐标为

$$x_f=\frac{(R+1)x_F+(q-1)x_D}{R+q} \tag{3.6}$$

设塔顶为全凝器，泡点回流。相平衡方程 $y=\dfrac{ax}{1+(a-1)x}$，则精馏段塔板数计算

$$x_D=y_1\xrightarrow{\text{相平衡方程}}x_1\xrightarrow{\text{操作线方程}}y_2\xrightarrow{\text{相平衡方程}}x_2\cdots\cdots$$

当计算得 $x_n\leqslant x_f$（泡点进料 $x_f=x_F$）时，说明该板为最佳进料板，应属于提馏段，计算过程中每使用一次平衡关系，表示需要一层理论板，精馏段需要 $n-1$ 层理论板。继续用同样的方法可求得提馏段塔板数，所不同的是从加料板开始改用提馏段的操作线方程。由于 F、x_W 是生产所要求的，W 是通过全塔物料衡算求得，则 x_m 可确定。继续利用平衡关系和操作线方程，一直计算到液相组成 $x_m\leqslant x_W$ 为止，对于间接加热的再沸器，离开它的汽液两相达到平衡是一块实际塔板，也相当于最后一块理论板。所以提馏段所需的理论板应为计算中使用平衡关系的次数减 1。

逐板计算法虽然计算过程烦琐，但是计算结果准确。若采用计算机进行逐板计算则十分方便。

（2）图解法。

①在直角坐标中绘出体系相平衡曲线 x-y，同时连对角线。

②绘出精馏段操作线，精馏段操作线通过 $D(x_D,x_D)$、$C\left(0,\dfrac{x_D}{R+1}\right)$两点。

③绘出 q 线，q 线通过 $F(x_F,x_F)$、斜率为$\dfrac{q}{q-1}$。q 线和精馏段操作线相交于 f 点。

④连接 b 点及 q 线与精馏段操作线的交点 f，得到提馏段操作线 bf。

设塔顶为全凝器，泡点回流 $y_1=x_D$，故从塔顶 $D(x_D,x_D)$点开始做水平线交平衡曲线于 1，求得呈平衡的液相组成 x_1，由 1 点作垂线交精馏段操作线于 1′点，求得第二板蒸气组成 y_2；同上，在平衡线与精馏段操作线之间作梯级。当求得 $x_n\leqslant x_f$ 时，应由精馏更换提馏的操作线，即在平衡线与提馏段操作线之间作梯级，当求得液相组成 $x_m\leqslant x_W$ 时结束。此时梯级数 N（含再沸器）为所求的理论塔板数 N，跨过两操作线交点的板为最佳进料板，如图 3.5 所示。

近年来，随着模拟计算技术的发展，开发出许多用于精馏过程模拟计算的软件，常用的有 ASPEN、PRO/Ⅱ等。模拟软件联立求解物料衡算方程（M 方程）、相平衡方程（E 方程）、热量衡算方程（H 方程）及组成加和方程（S 方程），简称 MEHS 方程组。

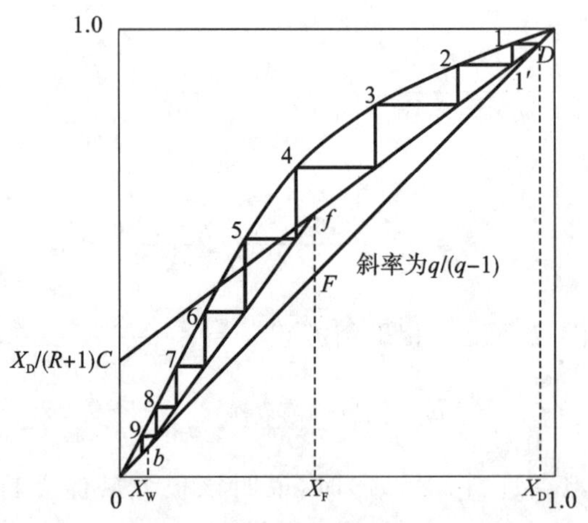

图 3.5　图解法求理论塔板数

ASPEN、PRO/Ⅱ等软件包中存储了大多数物系的物性参数及气液平衡数据，对缺乏数据的物系，可通过软件包内的计算模块，通过一定的算法求出相关的参数。设计中给定相应的设计参数，通过模拟计算下值，即可得出所需的理论板数，进料板位置，各层理论板的气液相负荷、气液相密度、气液相黏度，各层理论板的温度与压力等，计算方便且准确。

（3）塔板间距的确定。

塔板间距 H_T 的选取与塔高、塔径、物系性质、分离效率、操作弹性以及塔的安装、检修等因素有关。设计时常根据塔径的大小，从表 3.2 列出的塔板间距的经验值中选取。

表 3.2　塔板间距与塔径的关系

塔径 D/m	0.3～0.5	0.5～0.8	0.8～1.6	1.6～2.0	2.0～2.4	＞2.4
板间距 H_T/mm	200～300	300～350	350～450	450～600	500～800	≥800

选取塔板间距时，还需考虑实际情况。塔板层数很多时，宜选用较小的板间距，适当加大塔径以降低塔的高度；塔内各段负荷差别较大时，可采用不同的板间距以保持塔径的一致；对易发泡的物系，板间距应取大些，以保证塔的分离效果；对生产负荷变化较大的场合，也需加大板间距以提高操作弹性。在设计中，有时需反复调整，选定适宜的板间距。

塔板间距的数值应按系列标准选取，常用的塔板间距有 300 mm、350 mm、400 mm、450 mm、500 mm、600 mm、800 mm 等几种系列标准。板间距的确定除考虑上述因素外，还应考虑安装检修的需要。例如，在塔体的人孔处，采用较大的板间距，一般不低于 600 mm。

2. 塔径的计算

板式塔的塔径依据流量公式计算，即

$$D=\sqrt{\frac{4V_S}{\pi u}} \tag{3.7}$$

式中：D 为塔径，单位为 m；V_S 为气体体积流量，单位为 m^3/s；u 为空塔气速，单位为 m/s。

由式(3.7)可知，计算塔径的关键是计算空塔气速 u。设计中，空塔气速 u 的计算方法是：先求得最大空塔气速 u_{max}，然后根据设计经验，乘以一定的安全系数，即

$$u=(0.6\sim0.8)u_{max}$$

安全系数的选取与分离物系的发泡程度有关。对不易发泡的物系，可取较高的安全系数，对易发泡的物系，应取较低的安全系数。

依据悬浮液滴沉降原理，得最大空塔气速 u_{max}：

$$u_{max}=C\sqrt{\frac{\rho_L-\rho_V}{\rho_V}} \tag{3.8}$$

式中：ρ_L 为液相密度，单位为 kg/m^3；ρ_V 为气相密度，单位为 kg/m^3；C 为负荷因子，单位为 m/s。

负荷因子 C 值与气液负荷、物性及塔板结构有关，一般由实验确定。史密斯等人整理若干泡罩筛板和浮阀塔的数据，绘出负荷因子与诸影响因素间的关系曲线，如图 3.6 所示。

图 3.6 是按液体表面张力 $\sigma_L=20$ mN/m 的物系绘制的，若物系表面张力与此不符时，应按式(3.9)进行校正，即

$$C=C_{20}\left(\frac{\sigma_L}{20}\right)^{0.2} \tag{3.9}$$

式中：C 为操作物系的负合因子，单位为 m/s；σ_L 为操作物系的液体表面张力，单位为 mN/m。

由流量公式 $D=\sqrt{\frac{4V_S}{\pi u}}$ 计算出塔径 D 后，还应按塔径系列标准进行圆整。常用的标准塔径有 400 mm、500 mm、600 mm、700 mm、800 mm、900 mm、1000 mm、1100 mm、1200 mm、1400 mm、1600 mm、1800 mm、2000 mm、2200 mm、……、4200 mm。

以上算出的塔径只是初估值，还要根据流体力学原则进行验算。对于精馏过程，精馏段和提馏段的气、液相负荷及物性数据是不同的，故在设计中两段的塔径应分别计算，若两者相差不大，则取较大者作为塔径；若两者相差较大，则采用变径塔。

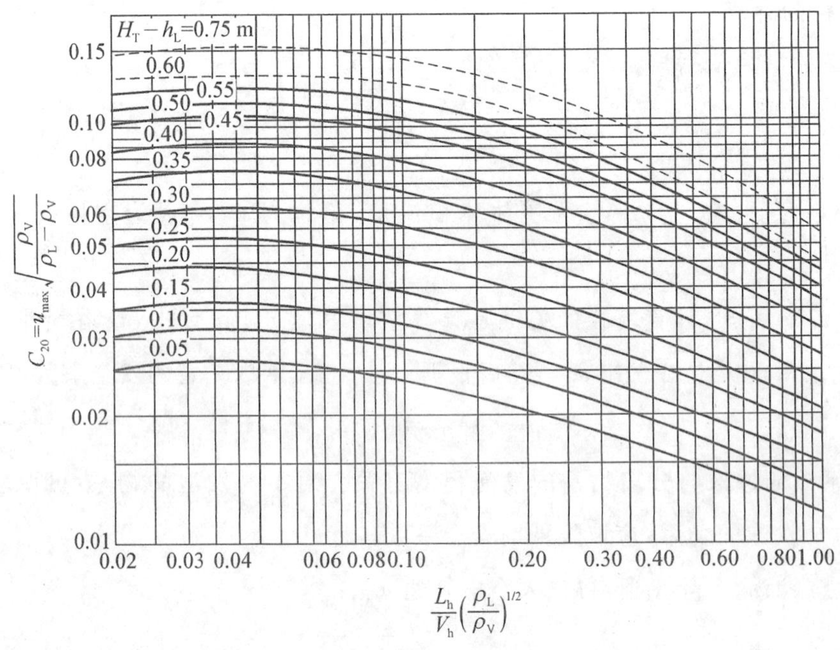

图 3.6　史密斯关系曲线图

H_T—塔板间距,m;h_L—板上液层高度,m;V,L—分别为塔内气、液两相体积流量,m^3/s;

ρ_V,ρ_L—分别为塔内气、液相的密度,kg/m^3

3.3.4　板式塔的塔板工艺尺寸计算

1. 溢流装置的设计

板式塔溢流装置包括溢流堰、降液管和受液盘等几部分,其尺寸和结构对塔的性能有重要影响。

1) 降液管的类型与溢流方式

(1) 降液管的类型。

降液管是流体流动的通道,也是使溢流液中所夹带气体得以分离的场所。降液管有圆形与弓形两类。圆形降液管一般用于小直径塔,而直径较大的塔,常用弓形降液管,如图 3.7 所示。

(2) 溢流方式。

溢流方式与降液管的布置有关。降液管布置人式有 U 形流、单溢流、双溢流及阶梯式双溢流等,如图 3.8 所示。

U 形流也称回转流。其结构是将弓形降液管用挡板隔成两半,一半做受液盘,另一半做降液管,降液和受液装置安排在同侧。这种溢流方式液体流径长,可以提高板效率,其板面利用率也高,但液面落差大,只适用于小塔及液体流量小的场合。

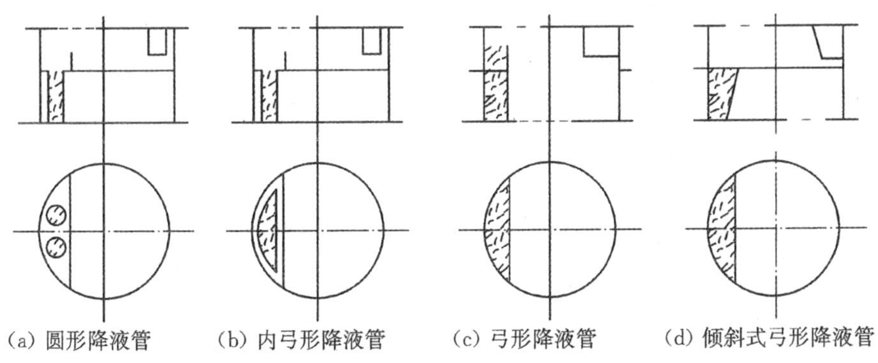

图 3.7　降液管的类型

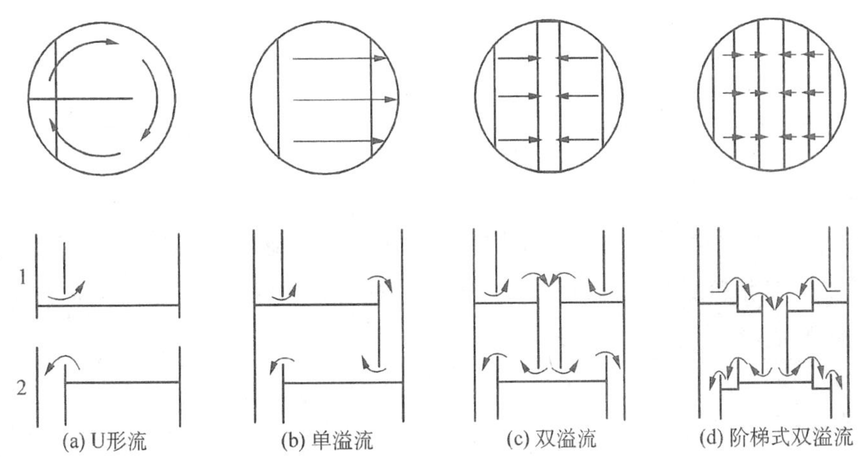

图 3.8　塔板溢流类型

单溢流又称直径流。液体自受液盘横向流过塔板至溢流堰。这种溢流方式液体流径较长，塔板效率较高，塔板结构简单，在直径小于 2.2 m 的塔中被广泛使用。

双溢流又称半径流。其结构是降液管交替设在塔截面的中部和两侧，来自上层塔板的液体分别从两侧降液管进入塔板，横过半块塔板而进入中部降液管，到下层塔板则液体由中央向两侧流动。这种溢流方式液体流径短，可降低液面落差，但塔板结构复杂，板面利用率低，一般用于直径大于 2 m 的塔中。

阶梯式双溢流的塔板做成阶梯形式，每一阶梯均有溢流。这种溢流方式在不缩短液体流径的情况下减小液面落差。其塔板结构最复杂，只适用于塔径很大、液流量很大的特殊场合。

溢流类型与液体负荷及塔径的经验关系如表 3.3 所示。

表 3.3　溢流类型与液体流量及塔径的关系

塔径 D/mm	液体流量 L_h/(m^3/h)			
	U 形流	单溢流	双溢流	阶梯式双溢流
600	<5	5～5		
900	<7	7～50		
1000	<7	<45		
1400	<9	<70		
2000	<11	<90	90～160	
3000	<11	<110	110～200	200～300
4000	<11	<110	110～230	230～350
5000	<11	<110	110～250	250～400
6000	<11	<110	110～250	250～450
应用场合	用于较低液气比	一般场合	用于高液气比或大型塔板	用于极高液气比或超大型塔板

2）溢流装置的设计计算

为保证塔板上流动液层有一定高度，必须设置溢流装置。溢流装置的设计包括堰长 l_w，堰高 h_w，弓形降液管宽度 W_d、截面积 A_f，降液管底隙高度 h_0，进口堰高度 h'_w 与降液管水平距离 h_1 等，如图 3.9 所示。

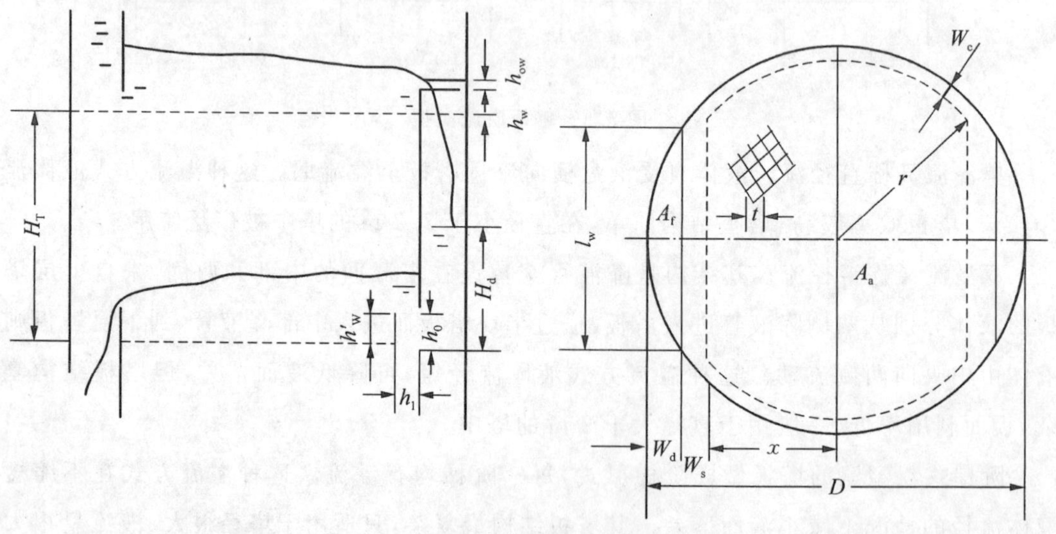

图 3.9　塔板的结构参数

（1）溢流堰（出口堰）。

将降液管的上端高出塔板板面，即形成溢流堰。溢流堰板形状有平直形与齿形两种，设计中一般采用平直形溢流堰板。

①堰长：弓形降液管的弦长称为堰长，以 l_w 表示。堰长 l_w 一般根据经验确定，对于常用的弓形降液管有以下两种溢流方式。

单溢流：

$$l_w=(0.6\sim0.8)D \tag{3.10}$$

双溢流：

$$l_w=(0.5\sim0.6)D \tag{3.11}$$

式中：D 为塔内径，单位为 m。

②堰高：降液管端面高出塔板板面的距离，称为堰高，以 h_w 表示。堰高与板上清液层高度及堰上液层高度的关系为

$$h_L=h_w+h_{ow} \tag{3.12}$$

式中：h_L 为板上清液层高度，单位为 m；h_{ow} 为堰上清液层高度，单位为 m。

设计时，一般应保证塔板上清液层高度在 50～100 mm，于是，堰高 h_w 可由板上清液层高度及堰上液层高度而定。堰上液层高度太小，会造成液体在堰上分布不均，影响传质效果，设计时应使堰上液层高度大于 6 mm，若小于此值需采用齿形堰；堰上液层高度太大，会增大塔板压降及雾沫夹带量。一般设计时 h_{ow} 不宜大于 60～70 mm，超过则改用双溢流形式。

对于平直堰，堰上液层高度 h_{ow} 可用弗兰西斯(Francis)公式计算：

$$h_{ow}=\frac{2.84}{1000}\cdot E\left(\frac{L_h}{l_w}\right)^{\frac{2}{3}} \tag{3.13}$$

式中：L_h 为塔内液体流量，单位为 m^3/h；E 为液流收缩系数，如图 3.10 所示。

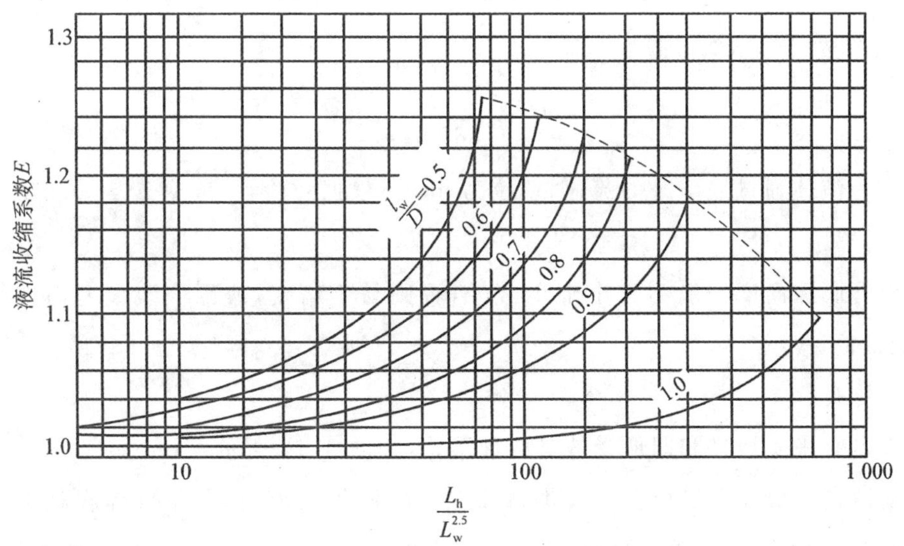

图 3.10　液流收缩系数计算

根据经验，液流收缩系数取 $E=1$ 引起的误差能满足工程设计要求。

(2) 降液管。

工业中常用弓形降液管，故只讨论弓形降液管的设计。

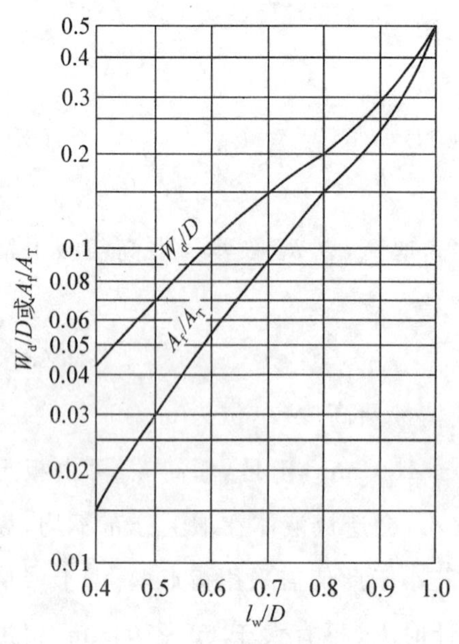

图 3.11　弓形降液管的参数

①弓形降液管的宽度及截面积：弓形降液管宽度以 W_d 表示，截面积以 A_f 表示，根据堰长与塔径之比$\frac{l_w}{D}$求得，如图 3.11 所示。

为使液体中夹带的气泡得以分离，液体在降液管内应有足够的停留时间。根据经验，液体在降液管内的停留时间为 3～5 s，对于高压下操作的塔及易起泡的物系，停留时间应更长一些。确定降液管尺寸后，验算降液管内液体的停留时间，即

$$\theta=\frac{3600A_fH_T}{L_h}>3\sim5 \qquad (3.14)$$

若不符合要求，应调整降液管尺寸或板间距，直至达到要求为止。

②降液管底隙高度：降液管底隙高度是指降液管下端与塔板间的距离，以 h_0 表示。降液管底隙高度 h_0 应低于出口堰高度 h_w，才能保证降液管底端有良好的液封，一般不应低于 6 mm，即

$$h_0=h_w-0.006 \qquad (3.15)$$

h_0 也可按式(3.16)计算：

$$h_0=\frac{L_h}{3600l_wu'_0} \qquad (3.16)$$

式中：u'_0 为液体通过底隙时的流速，单位为 m/s。根据经验，一般取 $u'_0=0.07\sim0.25$ m/s。

降液管底隙高度一般不宜小于 25 mm，否则易于堵塞，或因安装偏差而使液流不畅，造成液泛。

(3) 受液盘。

受液盘有平受液盘和凹形受液盘两种形式，如图 3.12 所示。

平受液盘一般需在塔板上设置进口堰保证降液管的液封，并使液体在板上分布均匀。设置进口堰高度 h'_w 考虑原则：当出口堰高度的 h_w 大于降液管底隙高度 h_0（一般都是这样）时，取 $h'_w=h_w$，若 $h_w<h_0$，则应取 h_0，以保证液体由降液管流出时不致受到很大

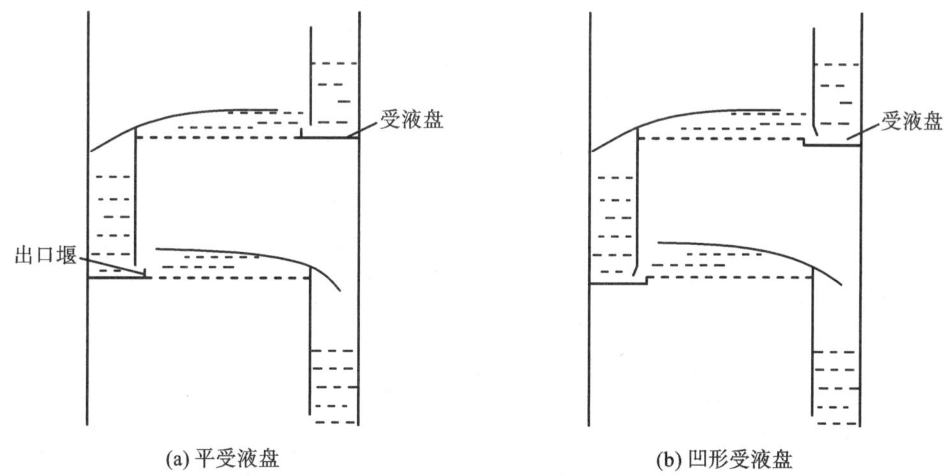

图 3.12　受液盘

阻力，进口堰与降液管间的水平距离 h_1 不应小于 h_0。

设置进口堰既占板面，又易使沉淀物淤积此处造成阻塞。凹形受液盘不需设施进口堰，既可在低液量是形成良好的液封，又有改变液体流向的缓冲作用，便于液体从侧线采出。对于 Φ600 mm 以上的塔，多采用凹形受液盘。凹形受液盘深度一般 50 mm 以上，有侧线采出时宜取深一些。凹形受液盘不适于易聚合及有悬浮固体的情况，易造成死角而堵塞。

2. 塔板设计

塔板具有不同的类型，以筛板塔为例，讨论其塔板设计。

1）塔板布置

塔板面根据所起作用不同分为四个区域，如图 3.9 所示。

(1) 开孔区：虚线以内的区域为筛孔的有效传质区，也称为鼓泡区。开孔区面积用 A_a 表示，对单溢流型塔板，开孔区面积计算公式为

$$A_a = 2\left(x\sqrt{r^2 - x^2} + \frac{\pi}{180}r^2\sin^{-1}\frac{x}{r}\right) \tag{3.17}$$

式中：$x = \frac{D}{2} - (W_d + W_s)$，单位为 m；$r = \frac{D}{2} - W_c$，单位为 m；$\sin^{-1}\frac{x}{r}$ 为以角度表示的反正弦函数。

(2) 溢流区：降液管及受液盘所占的区域，降液管所占面积以 A_f 表示，受液盘所占面积以 A_f' 表示。

(3) 安定区：开孔区与溢流区之间的不开孔区域，也称为破沫区。溢流堰前安定区宽度为 W_s，是在液体进入降液管之前的一段不鼓泡安定地带，以免液体大量夹带气泡进入降液管；进口堰后安全区宽度为 W_s'，是在液体入口处由于板上液面落差液层较厚的一段不开孔安全地带，可减少漏液量。安定区的宽度选取范围如下。

溢流堰前安定区宽度：

$$W_s = 70 \sim 100\ \text{mm}$$

进口堰后安全区宽度：

$$W_s' = 50 \sim 100\ \text{mm}$$

对小直径的塔（$D<1$ m），因塔板面积小，安定区需相应减小。

(4) 无效区：靠近塔壁的一圈边缘区域供支持塔板的边梁之用，也称边缘区。其宽度 W_c 由塔板的支承需要而定，小塔一般为 30～50 mm，大塔一般为 50～70 mm。为防止液体经无效区流过而产生短路现象，可在塔板上沿塔壁设置挡板。

附录中列出了塔板结构参数的系列化标准，供设计时参考。

2) 筛板塔筛孔的计算及其排列

(1) 筛孔直径（d_0）：其选取与塔的操作性能要求、物系性质、塔板厚度、加工要求等有关，是影响气相分散和气液接触的重要工艺尺寸。根据经验，表面张力为正系统的物系，采用 d_0 为 3～8 mm（常用 4～5 mm）的小孔径筛板；表面张力为负系统的物系或易堵塞物系，采用 d_0 为 10～25 mm 的大孔径筛板。

(2) 筛板厚度：筛孔的加工一般采用冲压法，确定筛板厚度应根据筛孔直径的大小，考虑加工的可能性。碳钢塔板板厚 δ 为 3～4 mm，孔径 d_0 应不小于板厚；不锈钢塔板板厚 δ 为 2～2.5 mm，d_0 应不小于（1.5～2）δ。

(3) 孔中心距：相邻两筛孔中心的距离，以 t 表示。孔中心距 t 一般为（2.5～5）d_0，t/d_0 过小易使气流相互干扰，过大则鼓泡不均匀，都会影响传质效率。设计推荐值为 $t/d_0 = 3 \sim 4$。

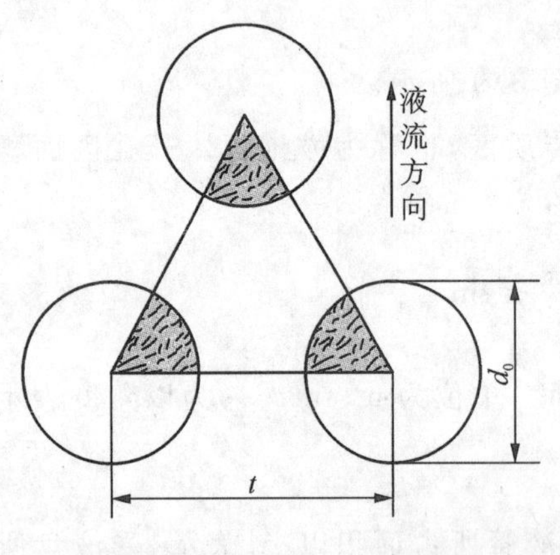

图 3.13　筛孔的正三角形排列

(4) 筛孔的排列与筛孔数：如图 3.13 所示，筛孔按正三角形排列时，筛孔的数目 n 为

$$n = \frac{1.155 A_a}{t^2} \tag{3.18}$$

式中：A_a 为鼓泡区面积，单位为 m^2；t 为筛孔的中心距，单位为 m。

⑤开孔率（φ）：筛板上筛孔总面积 A_0 与开孔区面积 A_a 的比值，即

$$\varphi = \frac{A_0}{A_a} \tag{3.19}$$

筛孔按正三角形排列时，有

$$\varphi = \frac{A_0}{A_a} = 0.907\left(\frac{d_0}{t}\right)^2 \tag{3.20}$$

需要注意的是，计算筛孔的直径 d_0，筛孔数目 n 后，还需进行流体力学核算，检验是否合理，若不合理需进行调整。

3.3.5　筛板的流体力学核算

筛板流体力学核算内容包括塔板压降、液面落差、雾沫夹带、漏液及液泛等。

1. 塔板压降

气体通过筛板时，需克服筛板本身的干板阻力、板上充气液层的阻力及液体表面张力造成的阻力，这些阻力产生了筛板的压降。气体通过筛板的压降 Δp_p 为

$$\Delta p_p = h_p \rho_L g \tag{3.21}$$

液柱高度 h_p：

$$h_p = h_c + h_l + h_\sigma \tag{3.22}$$

式中：h_c 为与气体通过筛板的干板压降相当的液柱高度，单位为 m；h_l 为与气体通过板上液层的压降相当的液柱高度，单位为 m；h_σ 为与克服液体表面张力的压降相当的液柱高度，单位为 m。

1）干板阻力

干板阻力 h_c 可按经验公式(3.23)估算，即

$$h_c = \frac{1}{2g}\left(\frac{u_0}{C_0}\right)^2\left(\frac{\rho_V}{\rho_L}\right)\left(1-\frac{A_0}{A_a}\right) = 0.051\left(\frac{u_0}{C_0}\right)^2\left(\frac{\rho_V}{\rho_L}\right)\left(1-\frac{A_0}{A_a}\right) \tag{3.23}$$

式中：u_0 为气体通过筛孔的速度，单位为 m/s；C_0 为流量系数。

通常，筛板的开孔率 $\varphi \leqslant 15\%$，故式(3.23)可化简为式(3.24)，即

$$h_c = \frac{1}{2g}\left(\frac{u_0}{C_0}\right)^2\left(\frac{\rho_V}{\rho_L}\right) = 0.051\left(\frac{u_0}{C_0}\right)^2\left(\frac{\rho_V}{\rho_L}\right) \tag{3.24}$$

当 $d_0 < 10$ mm，流量系数可由图 3.14 直接查出；当 $d_0 \geqslant 10$ mm 时，如图 3.14 所示，查得 C_0 后再乘以 1.15 的校正系数。

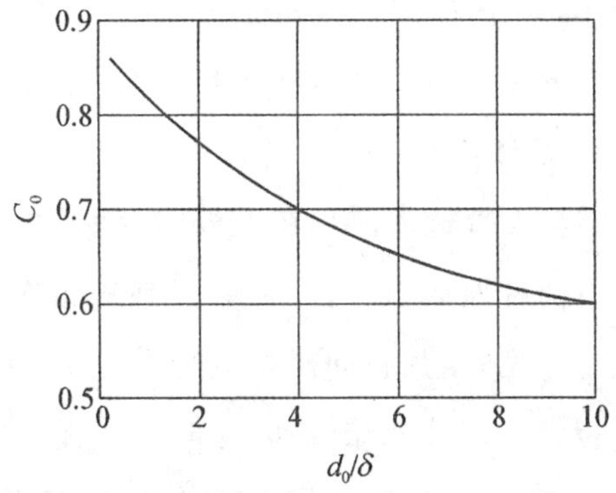

图 3.14　干筛孔的流量系数

2）气体通过液层的阻力

气体通过液层的阻力 h_l 与板上清液层的高度 h_L 及气泡的状况等多种因素有关，可采用下式估算，即

$$h_l = \beta h_L = \beta(h_w + h_{ow}) \tag{3.25}$$

式中：β 为充气系数，反映板上液层的充气程度，其值由图 3.15 查取，通常 β=0.5～0.6。

F_0 为气相动能因子，即

$$F_0 = u_a \sqrt{\rho_V} \tag{3.26}$$

对于单溢流板，液层上部的气体速度 u_a：

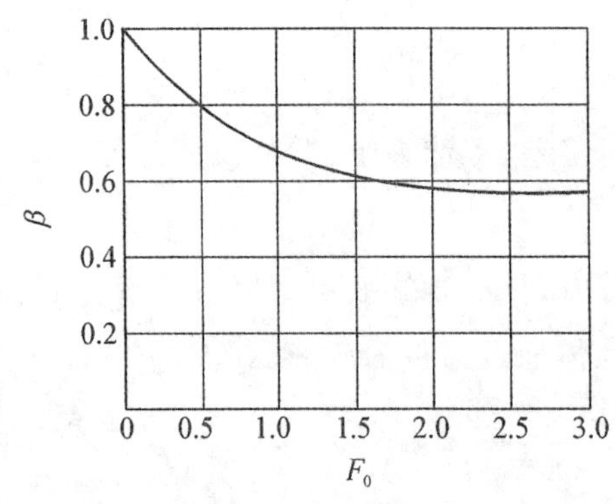

图 3.15　充气系数关联图

$$u_a = \frac{V_S}{A_T - A_f} \tag{3.27}$$

式中：F_0 为气相动能因子，单位为 $kg^{\frac{1}{2}}/(s \cdot m^{\frac{1}{2}})$；$u_0$ 为液层上部的气体速度，单位为 m/s；A_T 为塔截面积，单位为 m^2；A_f 为降液管截面积，单位为 m^2。

3）液体表面张力的阻力

液体表面张力的阻力 h_σ，可由下式估算，即

$$h_\sigma = \frac{4\sigma_L}{\rho_L g d_0} \tag{3.28}$$

式中：σ_L 为液体的表面张力，单位为 N/m。

分别求出 h_c、h_l 及 h_σ 后，计算气体通过筛板的压降 Δp_p，该计算值应低于设计允许值。

2. 液面落差

液体横向流过塔板时，为克服板上的摩擦阻力和部件（如泡罩、浮阀等），需要一定的液位差，即在板上形成由液体进入板面到离开板面的液面落差。液面落差使气流分布不均，造成漏液现象，使塔板的效率下降，所以塔板设计时应尽量减小液面落差。

泡罩塔结构复杂，板面液体流动阻力大，液面落差较大；筛板板面结构简单，液面落差较小，对于 $D \leqslant 1600$ mm 的筛板，液面落差可忽略不计。对于液体流量很大及 $D \geqslant 2000$ mm 的筛板，常采用双溢流或阶梯溢流等溢流形式来减小液面落差。

3. 雾沫夹带

雾沫夹带造成液相在塔板间返混，严重的雾沫夹带会使塔板效率急剧下降。雾沫夹带有两种原因引起，一种原因是气相在液层中鼓泡，气泡破裂，将雾沫弹溅至上一层塔板。可见，增加板间距可减少夹带量；另一种原因是气相运动是喷射状，将液体分散并可携带一部分液沫流动，此时增加板间距不会奏效。随气速增大，使塔板阻力增大，上层塔板上液层增厚，塔板液流不畅，液层迅速积累，以致充满整个空间，即液泛。由此原因诱发的液泛为雾沫夹带液泛，开始发生液泛时的气速称之为液泛气速。

为保证塔板效率的基本稳定，通常将雾沫夹带量限制在一定范围内，设计中规定雾沫夹带量 $e_v < 0.1$ kg(液体)/kg(气体)。

计算筛板塔的雾沫夹带量常采用亨特关联图，如图 3.16 所示。图中直线部分可回归为

$$e_{\mathrm{v}}=\frac{5.7\times10^{-6}}{\sigma_{\mathrm{L}}}\left(\frac{u_{\mathrm{a}}}{H_{\mathrm{T}}-h_{\mathrm{f}}}\right)^{3.2} \tag{3.29}$$

式中：e_{v} 为雾沫夹带量，单位为 kg(液体)/kg(气体)；u_{a} 为液层上部的气体速度，单位为 m/s，对于单溢流板，由式(3.26)计算；h_{f} 为塔板上鼓泡层高度，根据设计经验，一般取 $h_{\mathrm{f}}=2.5h_{\mathrm{L}}$。

4. 漏液

气体通过筛孔的流速较小，气体的动能不足以阻止液体向下流动时，会发生漏液现象(见图 3.17)，塔板上难以维持正常操作所需的液面。漏液量等于塔内液流量 10% 时的气速称为漏液点气速，它是塔板操作气速的下限，用 $u_{0,\min}$ 表示。

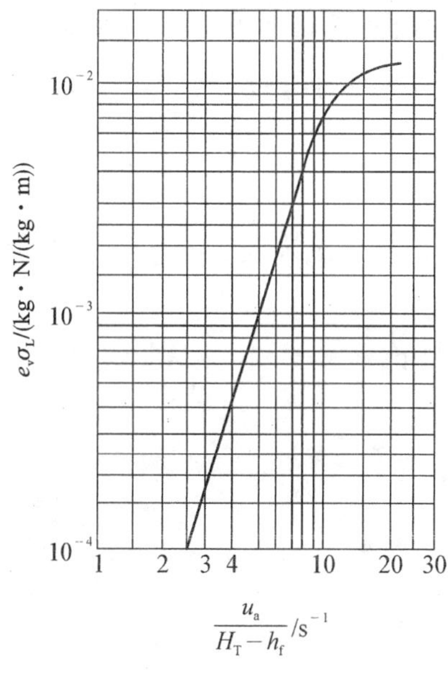

图 3.16　亨特的雾沫夹带关联图

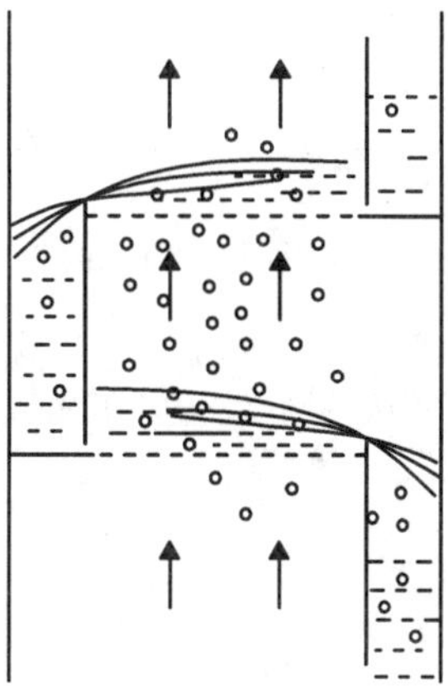

图 3.17　塔板漏液

计算筛板塔漏液点气速有不同的办法。设计中可采用式(3.30)计算，即

$$u_{0,\min}=\frac{V_{\mathrm{S,min}}}{A_0}=4.4C_0\sqrt{(0.0056+0.13h_{\mathrm{L}}-h_{\sigma})\rho_{\mathrm{L}}/\rho_{\mathrm{V}}} \tag{3.30}$$

当 $h_{\mathrm{L}}<30$ mm 或筛孔孔径 $d_0<3$ mm 时，用式(3.31)计算较适宜，即

$$u_{0,\min}=\frac{V_{\mathrm{S,min}}}{A_0}=4.4C_0\sqrt{(0.001+0.13h_{\mathrm{L}}-h_{\sigma})\rho_{\mathrm{L}}/\rho_{\mathrm{V}}} \tag{3.31}$$

5. 液泛

液泛分为降液管液泛和雾沫夹带液泛两种情况。设计中已对雾沫夹带量进行了核算，故在筛板的流体力学核算中通常只对降液管液泛进行核算。

气、液两相在塔内逆流流动，并在塔板上维持适宜的液层高度，气、液两相接触传热传质。如果气、液两相流动不畅，板上液层迅速积累，以致充满整个空间，破坏塔的正常

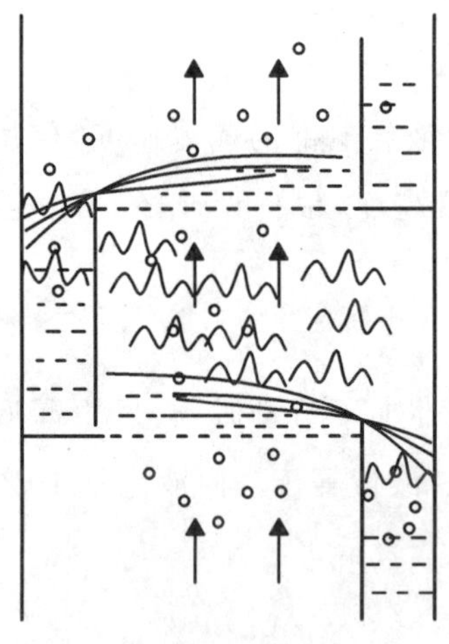

图 3.18　塔板液泛

操作，此现象称为液泛。根据液泛发生原因不同，可分为两种不同性质的液泛。当塔内气、液两相流量较大，导致降液管内阻力及塔板阻力增大时，均会引起降液管液层升高。当降液管内液层高度难以维持塔板上液相畅通时，降液管内液层迅速上升，以致达到上一层塔板，逐渐充满塔板空间，即发生液泛，并称之为降液管内液泛。两种液泛互相影响，其最终现象相同，如图 3.18 所示。

为使液体能从上层塔板稳定地流入下层塔板，降液管内需维持一定的液层高度 H_d。降液管内液层高度用来克服相邻两层塔板间的压降、板上清液层阻力和液体流过降液管的阻力，即

$$H_d = h_p + h_L + h_d \tag{3.32}$$

式中：H_d 为降液管中清液层高度，单位为 m；h_d 为与液体流过降液管的压降相当的液柱高度，单位为 m。

h_d 主要是由降液管底隙处的局部阻力造成，可由经验公式(3.33)及式(3.34)估算。

塔板上不设置进口堰，则有

$$h_d = 0.153\left(\frac{L_s}{l_w h_0}\right)^2 = 0.153(u'_0)^2 \tag{3.33}$$

塔板上设置进口堰，则有

$$h_d = 0.2\left(\frac{L_s}{l_w h_0}\right)^2 = 0.2(u'_0)^2 \tag{3.34}$$

式中：u'_0 为流体流过降液管底隙时的流速，单位为 m/s。

计算得降液管中清液层高度 H_d，而降液管中液体和泡沫的实际高度大于此值。为防止液泛，应保证降液管中泡沫液体总高度不能超过上层塔板的出口堰，即

$$H_d \leqslant K(H_T + h_w) \tag{3.35}$$

式中：K 为安全系数。对易发泡物系，$K=0.3\sim0.5$；对不易发泡物系，$K=0.6\sim0.7$。

筛板和浮阀塔板从严重漏液到液泛整个范围内存在有五种接触状态，即鼓泡状态、蜂窝状态、泡沫状态、喷射状态及乳化状态，如图 3.19 所示。

泡沫状态由于低气速下产生的不连续鼓泡群传质面积小，比较平静，而靠小径塔壁稳定的蜂窝状，其泡沫层湍动较差，不利于传质。而高速液流剪切作用下使气相形成小气泡均匀分布在液体中，形成均匀两相流体，即乳化态流体，不利于两相的分离，此状态在高压高液流量时易出现。故这些状态不是传质的适宜状态，工业生产中一般希望呈

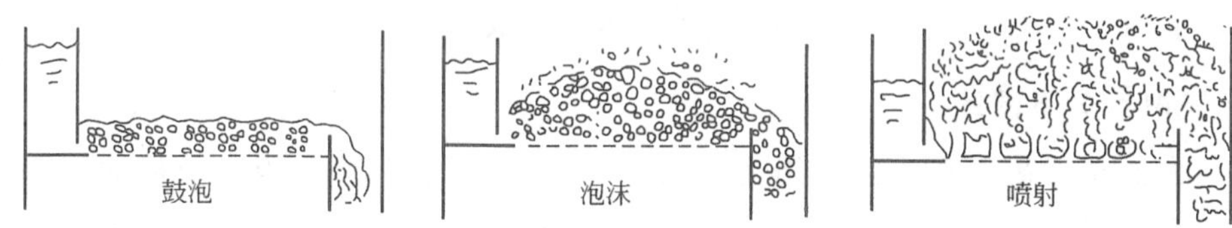

图 3.19　筛孔塔板上气液接触状态

现泡沫态和喷射态两种状态。

随气速的增大，接触状态由鼓泡、蜂窝状两状态逐渐转变为泡沫状，由于孔口处鼓泡剧烈，各种尺寸的气泡连串迅速上升，将液相拉成液膜展开在气相内，因泡沫剧烈运动，使泡沫不断破裂和生成，以及产生液滴群。泡沫为传质创造了良好条件，是工业上重要的接触状态之一。

当液相流量较小而进一步提高气速时，则泡沫状将逐渐转变为喷射状。从筛孔或阀孔中吹出的高速气流将液相分散高度湍动的液滴群，液相由连续相转变为分散相，两相之间的传质面为液滴群表面。由于液体横向流经塔板时将多次分散和凝聚，其表面不断更新，为传质创造了良好的条件，是工业塔板上另一重要的气、液接触状态。

3.3.6　塔板的负荷性能图

1. 漏液线

线 1 为漏液线，又称为气相负荷下限线（见图 3.20）。气相负荷低于此线将发生严重的漏液现象，气、液不能充分接触，使塔板效率下降。

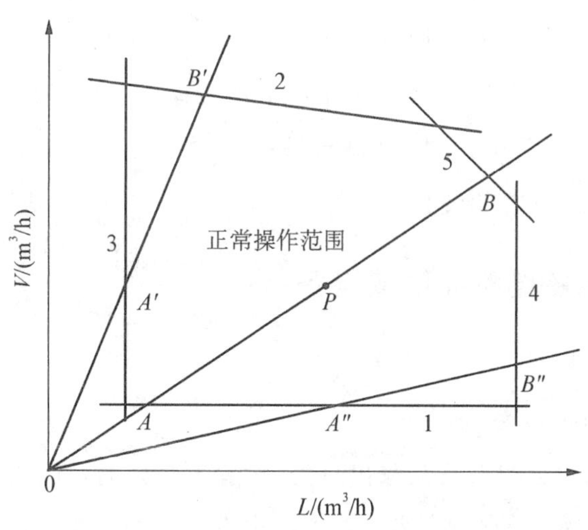

图 3.20　塔板负荷性能图

2. 雾沫夹带线

线 2 为雾沫夹带线。当气相负荷超过此线时，雾沫夹带量过大，使塔板效率大为降低。对于精馏，一般控制 $e_v<0.1$ kg(液体)/kg(气体)。

3. 液相负荷下限线

线 3 为液相负荷下限线。液相负荷低于此线，就不能保证塔板上液流的均匀分布，将导致塔板效率下降，一般取 $h_{ow}=6$ mm 作为下限。

4. 液相负荷上限线

线 4 为液相负荷上限线。若液体流量超过此线，表明液体流量太大，液体在降液管中停留时间过短，进入降液管的气泡来不及与液相分离而被带入下层塔板，造成气相返混，影响塔板效率。液相在降液管内的停留时间应大于 3 s。

5. 液泛线

线 5 为液泛线。降液管内泡沫层高度达到上层塔板，使液流不畅时即开始发生液泛。

漏液线、雾沫夹带线、液相负荷下限线、液相负荷上限线、液泛线是 5 个约束条件做出的曲线，所组成的图即负荷性能图所围的区域，即塔板的适宜操作范围。操作时的气相流量与液相流量在负荷性能图上的坐标点称为操作点。操作点 p 落在适宜操作范围内，塔板即可正常运行。但是，通常不希望塔板的操作点 p 落在负荷性能图边缘位置上或靠近某曲线，以避免生产波动引起塔效率下降。当分离混合物体系一定时，负荷性能图完全取决于塔板的结构尺寸，与操作条件无关。

在连续精馏塔中，回流比一定时，板上的气液比 V/L 也为定值。在负荷性能图上，操作线是通过坐标原点斜率为 V/L 的直线。通常把气相负荷上、下限之比值称为塔板的操作弹性。如图 3.20 所示，不同气液比的操作情况以 AB、$A'B'$、$A''B''$ 三条操作线表示，其控制上限的条件不一定相同，操作弹性也不相同。因此，在设计时，可调整塔板结构尺寸，使操作点 p 处于适中位置，以提高塔的操作弹性。注意每改变一结构尺寸，可能要同时影响几条曲线位置的变化。

3.3.7 板式塔的结构和附属设备

1. 塔体结构

1）塔顶塔底空间

进料板、回流液入口处以及产品采出口处、设置人孔处的板间距均要适当增大。塔顶需留有一定空间，便于液沫的分离，塔釜釜液需占有一定的空间。塔顶间距为(1.5～2.0) H_T，塔底储存液体量停留时间为 3～8 min(易结焦物料缩短停留时间)。再沸器的安装高度，塔底液面至最下层塔板之间要留 1～2 m 的间距，裙座将抬起一定高度。这些高度之和称之为辅助高度，板式塔安装塔板部分的有效高度是 Z，塔总高为 Z'。

2）人孔

塔径1000 mm以上的板式塔，一般每隔6～8层塔板设一人孔，方便安装、检修。人孔直径一般为450～600 mm，伸出塔体的筒长为200～250 mm，人孔中心距操作平台为800～1200 mm，设人孔处的板间距不小于600 mm。

2. 塔板布置

塔板有整块式与分块式两种。一般塔径为小于800 mm时，采用整块式塔板。当塔径超过900 mm时，能在塔内进行装拆，可用分块式塔板，以便通过人孔装拆塔板。对于单溢流型塔板，塔板分块数如表3.4所示，分块方法如图3.21所示。

表3.4 塔板分块数

塔径/mm	800～1200	1400～1600	1800～2000	2200～2400
塔板分块数	3	4	5	6

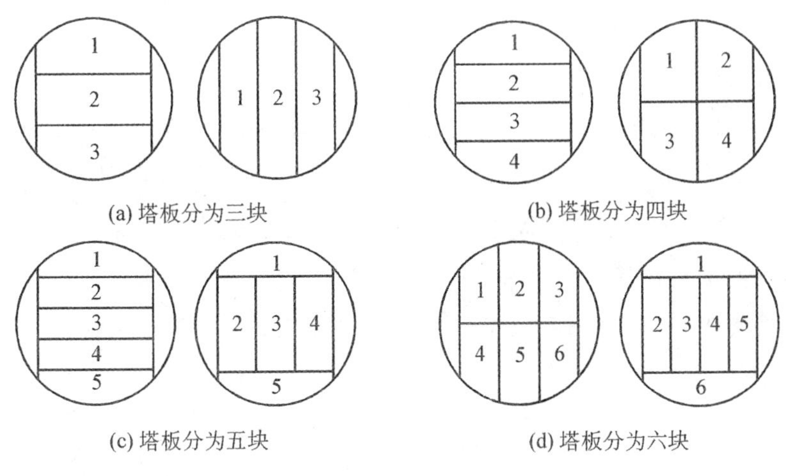

图3.21 单溢流型塔板分块示意图

3. 精馏塔的附属设备

精馏塔的附属设备包括原料预热器、再沸器（或蒸馏釜）、蒸气冷凝器、产品冷却器等设备。下面主要介绍再沸器（或蒸馏釜）和蒸气冷凝器特点。

1）再沸器

精馏釜的加热方式有直接加热和间接加热，通常采用间接加热方式设置再沸器。由于直接加热时，蒸气的不断通入导致塔底溶液稀释，在一定的回收率条件下，理论塔板数稍有增加。而间接加热方式是塔底的溶液浓度维持不变，不会对塔板数有增加。综合考虑，我们采用间接蒸汽加热。

2）塔顶回流冷凝器

塔顶冷凝装置可采用全凝器、分凝器——全凝器两种不同的设置。工业上以常采用全凝器，以便准确地控制回流比。塔顶分凝器对上升蒸气有一定的增浓作用，若后接装置使用气态物料，宜使用分凝器。合适的回流比 R 涉及设备费与操作费等费用问题，而影响精馏操作费用的主要因素是塔内蒸气量 V。对于一定的生产能力，即馏出量 D 一定时，V 的大小取决于回流比。实际回流比总是介于最小回流比和全回流时回流比两种极限之间。回流比最小时，理论塔板数无穷大，设备费用也无穷大。

工艺设计在保证塔顶产品轻组分含量和塔底产品的纯度情况下，综合考虑技术的先进性、可靠性，生产的安全性、可操作性和可控制性和经济的合理性。

3.3.8　筛板塔设计示例

在一常压连续精馏分离苯—甲苯的混合液。已知原料液处理量为 4000 kg/h，其中含苯的组成为 0.41（质量分数，下同），泡点进料。要求塔顶馏出液的组成为 0.96，塔底含苯不超过 0.01；塔顶采取全凝器，塔顶表压 4 kPa，单板压降 0.7 kPa，全塔效率 52%。试设计一个筛板塔完成分离任务。

1. 设计方案的确定

此次设计操作回流比取最小回流比的 2 倍，采用泡点进料。塔顶上升蒸气采用全凝器冷凝，冷凝液一部分回流至塔内，其余部分经过产品冷却器冷却后送至储罐。塔釜采用饱和蒸汽间接加热，塔底产品经冷凝器冷却后送至储罐收集。

2. 精馏塔的物料衡算

1）原料液及塔顶、塔底产品的摩尔分数

苯的摩尔质量：

$$M_{\mathrm{A}} = 78.11\ \mathrm{kg/kmol}$$

甲苯的摩尔质量：

$$M_{\mathrm{B}} = 92.13\ \mathrm{kg/kmol}$$

原料液摩尔分数：

$$x_{\mathrm{F}} = \frac{0.41/78.11}{0.41/78.11 + 0.59/92.13} = 0.45$$

塔顶产品摩尔分数：

$$x_{\mathrm{D}} = \frac{0.96/78.11}{0.96/78.11 + 0.04/92.13} = 0.966$$

塔底产品摩尔分数：

$$x_{\mathrm{W}} = \frac{0.01/78.11}{0.01/78.11 + 0.99/92.13} = 0.012$$

2）原料液及塔顶、塔底产品的平均摩尔质量

原料液平均摩尔质量：

$$M_F = 0.45 \times 78.11 + (1-0.45) \times 92.13 = 85.82\ (\text{kg/kmol})$$

塔顶产品平均摩尔质量：

$$M_D = 0.966 \times 78.11 + (1-0.966) \times 92.13 = 78.59\ (\text{kg/kmol})$$

塔底产品平均摩尔质量：

$$M_W = 0.012 \times 78.11 + (1-0.012) \times 92.13 = 91.96\ (\text{kg/kmol})$$

3）物料衡算

原料处理量：

$$F = \frac{4000}{85.82} = 46.61\ (\text{kmol/h})$$

总物料衡算：

$$F = D + W$$

苯物料衡算：

$$F \cdot x_F = D \cdot x_D + W \cdot x_W$$

联立上两式解得

$$D = 21.40\ \text{kmol/h};\quad W = 25.21\ \text{kmol/h}$$

3. 塔板数的确定

1）理论塔板数的求取

(1) 相对挥发度的求取。

苯的沸点为 80.1 ℃，甲苯的沸点为 110.6 ℃，当温度为 80.1 ℃时，由安托因公式知

$$\lg p_A^\circ = A - \frac{B}{t+C} = 6.03055 - \frac{1211.033}{80.1 + 220.79}$$

$$\lg p_B^\circ = A - \frac{B}{t+C} = 6.07954 - \frac{1344.8}{80.1 + 219.482}$$

解得

$$p_A^\circ = 101.33\ \text{kPa},\ p_B^\circ = 38.8\ \text{kPa}$$

则有

$$\alpha_1 = \frac{101.33}{38.8} = 2.61$$

当温度为 110.6 ℃时，有

$$\lg p_A^\circ = A - \frac{B}{t+C} = 6.03055 - \frac{1211.033}{110.6 + 220.79}$$

$$\lg p_B^\circ = A - \frac{B}{t+C} = 6.07954 - \frac{1344.8}{110.6 + 219.482}$$

解得

$$p_A^\circ = 234.6\ \text{kPa},\ p_B^\circ = 101.33\ \text{kPa}$$

则有 $$\alpha_2 = \frac{234.6}{101.33} = 2.32$$

故平均相对挥发度：

$$\alpha = \sqrt{\alpha_1 \alpha_2} = \sqrt{2.61 \times 2.32} = 2.46$$

(2) 最小回流比的求取。

由于是泡点进料，有 q 线：

$$q=1$$

则相平衡方程：

$$y_n = \frac{\alpha x_n}{1+(\alpha-1)x_n} = \frac{2.46x_n}{1+1.46x_n}$$

q 线方程：

$$y = \frac{q}{q-1}x - \frac{x_F}{q-1}$$

联立相平衡方程与 q 线方程，有交点 $p(x_p, y_p)$，故

$$x_p = 0.45, \quad y_p = 0.667$$

最小回流比为

$$R_{min} = \frac{x_D - y_p}{y_p - x_p} = \frac{0.966-0.667}{0.667-0.45} = 1.38$$

回流比为最小回流比的 2 倍，即

$$R = 2R_{min} = 2 \times 1.38 = 2.76$$

(3) 精馏塔的气、液相负荷。

$$L = RD = 2.76 \times 21.40 = 59.06\ (\text{kmol/h})$$

$$V = (1+R)D = (1+2.76) \times 21.4 = 80.46\ (\text{kmol/h})$$

$$L' = L + qF = 59.06 + 1 \times 46.61 = 105.67\ (\text{kmol/h})$$

$$V' = V + (q-1)F = 80.46 + (1-1)46.61 = 80.46\ (\text{kmol/h})$$

(4) 操作线方程。

精馏段操作线方程：

$$y_{n+1} = \frac{R}{R+1}x_n + \frac{x_D}{R+1} = \frac{2.76}{2.76+1}x_n + \frac{0.966}{2.76+1} = 0.734x_n + 0.257$$

提馏段操作线方程：

$$y_{n+1} = \frac{L+qF}{L+qF-W}x_n - \frac{Wx_w}{L+qF-W} = \frac{L'}{V'}x_n - \frac{Wx_w}{V'}$$

$$= \frac{105.67}{80.46}x_n - \frac{25.21}{80.46} \times 0.012 = 1.313x_n - 0.004$$

两操作线交点横坐标为

$$x_f = \frac{(R+1)x_F + (q-1)x_D}{R+q} = \frac{(2.76+1)\times 0.45}{2.76+1} = 0.45$$

相平衡方程也可以写成

$$x_n = \frac{y_n}{\alpha-(\alpha-1)y_n} = \frac{y_n}{2.46-1.46y_n}$$

理论板数用图解法(见图 3.22)。塔顶为全凝器,泡点回流:

$$y_1 = x_D$$

$$y_n = \frac{\alpha x_n}{1+(\alpha-1)x_n} = \frac{2.46x_n}{1+1.46x_n}$$

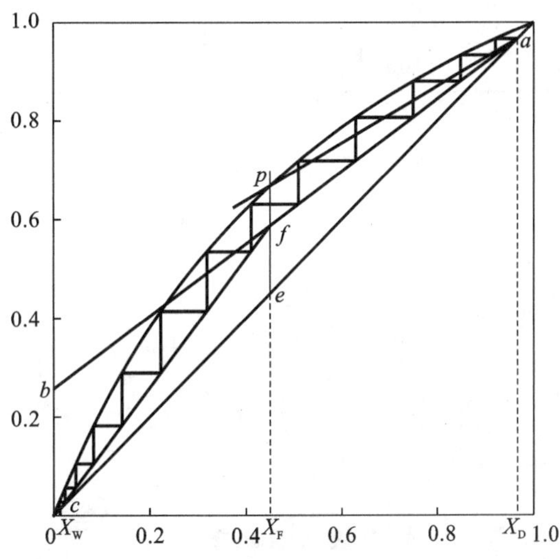

图 3.22　图解法求理论板层数

计算结果如表 3.5 所示。

表 3.5　相平衡方程计算数据

x	0	0.2	0.4	0.6	0.8	1.0
y	0	0.381	0.621	0.787	0.908	1.0

或者用逐板计算法,过程如下:塔顶为全凝器,泡点回流 $y_1=x_D$,计算结果如表 3.6 所示。

表 3.6　逐板计算法计算结果

理论板数	x	y	$q=1$
1	0.92032	0.966	
2	0.84887	0.93251	
3	0.74893	0.88007	
4	0.62917	0.80672	

续表

理论板数	x	y	$q=1$
5	0.5096	0.71881	
6	0.41013	0.63105	$x_f=0.45$
7	0.31822	0.53449	
8	0.22299	0.41382	
9	0.14167	0.28878	
10	0.08295	0.18202	
11	0.04548	0.10491	
12	0.02342	0.05572	
13	0.01105	0.02675	$x_w=0.012$

故总理论板数为13(包括蒸馏釜),精馏段理论板数为5,且第6块板为进料板。

2）实际板数的求取

取全塔效率为0.52,则有精馏段实际塔板数:

$$N_{精}=\frac{5}{0.52}=9.6\approx 10$$

提馏段实际塔板数:

$$N_{提}=\frac{8}{0.52}=15.4\approx 15$$

4. 精馏塔的工艺条件及有关物性数据的计算

1）操作压力的计算

塔顶的操作压力:

$$P_D=101.3+4=105.3\ (\mathrm{kPa})$$

每层塔板的压降:

$$\Delta P=0.7\ \mathrm{kPa}$$

进料板压力:

$$P_F=P_D+0.7\times N_{精}=105.3+0.7\times 10=112.3\ (\mathrm{kPa})$$

精馏段平均压力:

$$P_m=\frac{P_D+P_F}{2}=\frac{105.3+112.3}{2}=108.8\ (\mathrm{kPa})$$

2）操作温度的计算

依据操作压力,由泡点方程通过试差法计算出泡点温度。计算其中苯、甲苯的饱和蒸汽。由安托因方程计算,结果如下:

$$x=\frac{p-p_B^o}{p_A^o-p_B^o}$$

塔顶温度的计算，设定温度为 82 ℃时，有

$$\lg p_A^\circ = A - \frac{B}{t+C} = 6.03055 - \frac{1211.033}{82+220.79}, \quad p_A^\circ = 107.39 \text{ kPa}$$

$$\lg p_B^\circ = A - \frac{B}{t+C} = 6.07954 - \frac{1344.8}{82+219.482}, \quad p_B^\circ = 41.58 \text{ kPa}$$

$$x = \frac{p - p_B^\circ}{p_A^\circ - p_B^\circ} = \frac{105.3-41.58}{107.39-41.58} = 0.9682$$

或者查表 3.7 可得结果。

表 3.7 苯(A)和甲苯(B)的饱和蒸汽压

温度/℃	苯饱和蒸汽压(p_A°)/kPa	甲苯饱和蒸汽压(p_B°)/kPa	温度/℃	苯饱和蒸汽压(p_A°)/kPa	甲苯饱和蒸汽压(p_B°)/kPa
80.1	101.33	38.8	100	179.19	74.53
84	113.59	44.4	104	199.32	83.33
88	127.59	50.60	108	221.19	93.93
92	143.72	57.60	110.6	234.60	101.33
96	160.52	65.66			

同理设定温度为 84 ℃时，有

$$p_A^\circ = 113.59 \text{ kPa}; \quad p_B^\circ = 44.40 \text{ kPa}; \quad x = 0.8802。$$

根据结果列表，如表 3.8 所示。

表 3.8 试差法计算塔顶温度

次　　数	1	2	3
假设 t/℃	82	84	86
x	0.9682	0.8802	0.7105

依据表 3.8 作图，如图 3.23 所示。

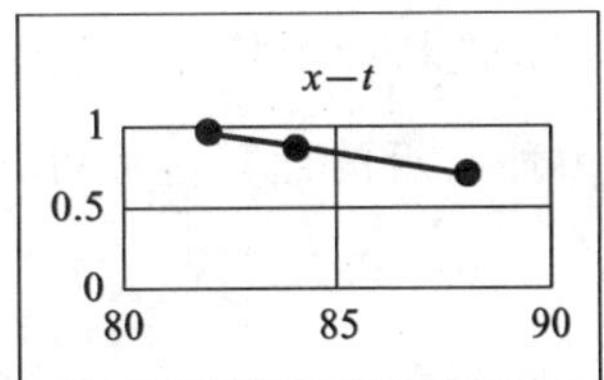

图 3.23 塔顶温度

当 x_D=0.966 时，用比例内插法知

$$\frac{82-84}{0.9682-0.8802} = \frac{82-t}{0.9682-0.966}$$

则塔顶温度：

$$t_D = 82.1 \text{ ℃}$$

同理，进料板温度的计算如下：

$$x = \frac{p - p_B^\circ}{p_A^\circ - p_B^\circ} = \frac{112.3 - p_B^\circ}{p_A^\circ - p_B^\circ}$$

当温度为 96 ℃时，有

$$p_A^\circ = 160.52 \text{ kPa}, \quad p_B^\circ = 65.66 \text{ kPa}, \quad x = 0.4917$$

当温度为 100 ℃时，有

$$p_A^\circ = 179.19\ \text{kPa},\quad p_B^\circ = 74.53\ \text{kPa},\quad x = 0.3609$$

根据结果列表，如表 3.9 所示。

表 3.9 试差法计算进料板温度

次　数	1	2	3
假设 t/℃	92	96	100
x	0.6352	0.4917	0.3609

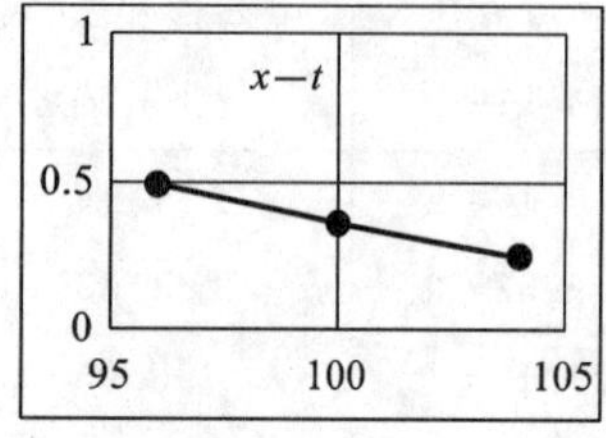

图 3.24 进料板温度

依据表 3.9 作图，如图 3.24 所示。

第 6 块板为进料板，查图 3.22，当 $x_6 = 0.41$ 时，用比例内插法。当进料板温度 $t_F = 98.3$ ℃时，精馏段平均温度为

$$t_m = \frac{t_D + t_F}{2} = \frac{82.1 + 98.3}{2} = 90.2\ (℃)$$

3）平均摩尔质量计算

（1）塔顶平均摩尔质量的计算。

由理论板的计算过程可知

$$y_1 = x_D = 0.966$$

又由平衡曲线得

$$x_1 = 0.916$$

$$M_{VDm} = 0.966 \times 78.11 + (1 - 0.966) \times 92.13 = 78.59\ (\text{kg/kmol})$$

$$M_{LDm} = 0.916 \times 78.11 + (1 - 0.916) \times 92.13 = 79.29\ (\text{kg/kmol})$$

（2）进料板平均摩尔质量的计算。

由理论板的计算过程可知，加料板为第 6 块，则

$$y_6 = 0.63,\quad x_6 = 0.41$$

$$M_{VFm} = 0.63 \times 78.11 + (1 - 0.63) \times 92.13 = 83.3\ (\text{kg/kmol})$$

$$M_{LFm} = 0.41 \times 78.11 + (1 - 0.41) \times 92.13 = 86.38\ (\text{kg/kmol})$$

（3）精馏段的平均摩尔质量为

$$M_{Vm} = \frac{M_{VDm} + M_{VFm}}{2} = \frac{78.59 + 83.3}{2} = 80.95\ (\text{kg/kmol})$$

$$M_{Lm} = \frac{M_{LDm} + M_{LFm}}{2} = \frac{79.29 + 86.38}{2} = 82.84\ (\text{kg/kmol})$$

4）平均密度计算

（1）气相平均密度计算。

由理想气体状态方程式计算，即

$$T_m = t_m + 273.15 = 90.2 + 273.15(\text{K}), \quad R = 8.314(\text{kPa}\cdot\text{m}^3)/(\text{kmol}\cdot\text{K})$$

$$\rho_{Vm} = \frac{P_m M_{Vm}}{RT_m} = \frac{108.8 \times 80.95}{8.314 \times (90.2 + 273.15)} = 2.92\ (\text{kg/m}^3)$$

（2）液相平均密度计算。

液相平均密度计算依下式计算，即

$$\rho_{Lm} = \frac{1}{\dfrac{a_A}{\rho_{LA}} + \dfrac{a_B}{\rho_{LB}}}$$

式中：a_A 为质量分数。

①塔顶液相平均密度的计算。

已知塔顶液相的质量分数 $a_A = 0.96$，由 $t_D = 82.1$ ℃，查液体在不同温度下的密度表得

$$\rho_A = 812.7\ \text{kg/m}^3, \quad \rho_B = 807.9\ \text{kg/m}^3$$

$$\rho_{LDm} = \frac{1}{\dfrac{0.96}{812.7} + \dfrac{0.04}{807.9}} = 812.5\ (\text{kg/m}^3)$$

②进料板液相平均密度的计算。

由 $t_F = 98.3$ ℃，查液体在不同温度下的密度表得

$$\rho_A = 793.1\ \text{kg/m}^3, \quad \rho_B = 790.8\ \text{kg/m}^3$$

已知进料板液相的摩尔分数 $x_6 = 0.41$，计算进料板液相质量分数：

$$a_A = \frac{0.41 \times 78.11}{0.41 \times 78.11 + 0.59 \times 92.13} = 0.37$$

$$\rho_{LFm} = \frac{1}{\dfrac{0.37}{793.1} + \dfrac{0.63}{790.8}} = 791.6\ (\text{kg/m}^3)$$

故精馏段的平均密度为

$$\rho_{Lm} = \frac{\rho_{LDm} + \rho_{LFm}}{2} = \frac{812.5 + 791.6}{2} = 802.1\ (\text{kg/m}^3)$$

5）液体平均表面张力的计算

液相平均表面张力依下式计算，即

$$\sigma_{Lm} = \sum_{i=1}^{n} x_i \sigma_i$$

式中：x_i 为摩尔分数。

（1）塔顶液相平均表面张力的计算。

已知 $x_D = 0.966$，由 $t_D = 82.1$ ℃，查液体表面张力共线图得

$$\sigma_A = 21.24 \text{ mN/m}, \quad \sigma_B = 21.42 \text{ mN/m}$$

$$\sigma_{LDm} = 0.966 \times 21.24 + 0.034 \times 21.42 = 21.25 \text{ (mN/m)}$$

(2) 进料板液相平均表面张力的计算。

已知 $x_6 = 0.41$，由 $t_F = 98.3$ ℃，查液体表面张力共线图得

$$\sigma_A = 18.9 \text{ mN/m}, \sigma_B = 20.0 \text{ mN/m}$$

$$\sigma_{LFm} = 0.41 \times 18.9 + 0.612 \times 20.0 = 19.55 \text{ (mN/m)}$$

精馏段平均表面张力为

$$\sigma_{Lm} = \frac{\sigma_{LDm} + \sigma_{LFm}}{2} = \frac{21.25 + 19.55}{2} = 20.4 \text{ (mN/m)}$$

6) 液体平均黏度计算

液相平均黏度依下式计算，即

$$\lg\mu_{Lm} = \sum x_i \lg\mu_i$$

(1) 塔顶液相平均黏度的计算。

由 $t_D = 82.1$ ℃，查气体黏度共线图得

$$\mu_A = 0.302 \text{ mPa·s}, \quad \mu_B = 0.306 \text{ mPa·s}$$

$$\lg\mu_{LDm} = x_A \lg\mu_A + x_B \lg\mu_B = 0.966 \times \lg 0.302 + 0.034 \times \lg 0.306$$

故

$$\mu_{LDm} = 0.302 \text{ mPa·s}$$

(2) 精馏段液相平均黏度的计算。

由 $t_F = 98.3$ ℃，查气体黏度共线图得

$$\mu_A = 0.256 \text{ mPa·s}, \quad \mu_B = 0.265 \text{ mPa·s}$$

$$\lg\mu_{LFm} = x_A \lg\mu_A + x_B \lg\mu_B = 0.41 \times \lg 0.256 + 0.59 \times \lg 0.265$$

$$\mu_{LFm} = 0.261 \text{ mPa·s}$$

故精馏段液相平均黏度为

$$\mu_{Lm} = \frac{\mu_{LDm} + \mu_{LFm}}{2} = \frac{0.302 + 0.261}{2} = 0.282 \text{ (mPa·s)}$$

5. 精馏塔的塔体工艺尺寸计算

1) 塔径的计算

精馏段的气、液相体积流率为

$$V_S = \frac{VM_{Vm}}{3600\rho_{Vm}} = \frac{80.46 \times 80.95}{3600 \times 2.92} = 0.62 \text{ (m}^3\text{/s)}$$

$$L_S = \frac{LM_{Lm}}{3600\rho_{Lm}} = \frac{59.06 \times 82.84}{3600 \times 802.1} = 0.0017 \text{ (m}^3\text{/s)}$$

由 $u_{max} = C\sqrt{\frac{\rho_L - \rho_V}{\rho_V}}$，式中 C 由 $C = C_{20}\left(\frac{\sigma_L}{20}\right)^{0.2}$ 求取，其中 C_{20} 是物系表面张力为 20 mN/m 的负荷系数又由筛板塔气液负荷因子曲线图 3.6 查取，其曲线图的横坐标为 mN/m，则有

$$\frac{L_h}{V_h}\left(\frac{\rho_L}{\rho_V}\right)^{\frac{1}{2}} = \left(\frac{0.0017 \times 3600}{0.62 \times 3600}\right) \times \left(\frac{802.1}{2.92}\right)^{\frac{1}{2}} = 0.0454$$

取板间距 $H_T = 0.4$ m，板上液层高度 $h_L = 0.06$ m（选 50～100 mm），查筛板塔汽液负荷因子曲线图得

$$C_{20} = 0.072$$

液体表面张力进行校正，即

$$\sigma_L = 20.4 \text{ mN/m}$$

$$C = C_{20}\left(\frac{\sigma_L}{20}\right)^{0.2} = 0.072 \times \left(\frac{20.4}{20}\right)^{0.2} = 0.0723$$

$$u_{max} = C\sqrt{\frac{\rho_L - \rho_V}{\rho_V}} = 0.0723 \times \sqrt{\frac{802.1 - 2.92}{2.92}} = 1.196 \text{ (m/s)}$$

取安全系数为 0.7，则空塔气速为

$$u = 0.7u_{max} = 0.7 \times 1.196 = 0.837 \text{ (m/s)}$$

$$D = \sqrt{\frac{4V_S}{\pi u}} = \sqrt{\frac{4 \times 0.62}{\pi \times 0.837}} = 0.971 \text{(m)}$$

按标准塔径圆整后为

$$D = 1.0 \text{ m}$$

一般选 400 mm、500 mm、600 mm、700 mm、800 mm、900 mm、1000 mm、1100 mm、1200 mm、1400 mm、1600 mm、1800 mm、2000 mm、2200 mm……

塔板间距与塔径的关系如表 3.10 所示。

表 3.10 塔板间距与塔径的关系

塔径 D/m	0.4～0.7	0.8～1.2	1.4～2.4	2.6～6.6
板间距 H_T/mm	250～350	300～500	400～700	450～800

塔截面积为

$$A_T = \frac{\pi}{4}D^2 = \frac{3.14}{4} \times 1.0^2 = 0.785 \text{(m}^2\text{)}$$

实际空塔气速为

$$u = \frac{V_S}{A_T} = \frac{0.621}{0.785} = 0.791 \text{ (m/s)}$$

且一般要求 $u = (0.6 \sim 0.8) \times u_{max}$。

2）精馏塔有效高度的计算

精馏段有效高度为

$$Z_{精} = (N_{精} - 1)H_T = (10 - 1) \times 0.4 = 3.6 \text{ (m)}$$

提馏段有效高度为

$$Z_{提} = (N_{提} - 1)H_T = (15 - 1) \times 0.4 = 5.6\ (m)$$

在进料板上方开一人孔，其高度为 0.8 m。故精馏塔的有效高度为

$$Z = Z_{精} + Z_{提} + 0.8 = 3.6 + 5.6 + 0.8 = 10\ (m)$$

6. 塔板主要工艺尺寸的计算

1) 溢流装置计算

因塔径 D=1.0 m，可选用单溢流弓形降液管，并采用平受液盘，各项计算如下。

(1) 堰长 l_w。

取 $l_w=0.66D=0.66\times1.0=0.66(m)$($l_w$ 在 $0.6D\sim0.8D$ 之间)。

(2) 溢流堰高度 h_w。

由 $h_w = h_L - h_{ow}$，可选用平直堰，堰上液层高度 h_{ow} 由下式计算，即

$$h_{ow} = \frac{2.84}{1000}E\left(\frac{L_h}{l_w}\right)^{\frac{2}{3}}$$

液流收缩系数近似取 E=1，则

$$h_{ow} = \frac{2.84}{1000}\times 1\times\left(\frac{0.0017\times3600}{0.66}\right)^{\frac{2}{3}} = 0.013\ (m) > 0.006\ (m)$$

取板上清液层高度：

$$h_L=60\ mm$$

故
$$h_w = h_L - h_{ow} = 0.06 - 0.013 = 0.047\ (m)$$

(3) 弓形降液管宽度 W_d 和截面积 A_f。

由 $\frac{l_w}{D} = 0.66$，查弓形降液管参数图得

$$\frac{A_f}{A_T} = 0.0722,\quad \frac{W_d}{D} = 0.124$$

则
$$A_f = 0.0722\times A_T = 0.0722\times0.785 = 0.0567(m^2)$$

$$W_d = 0.124\times D = 0.124\times1.0 = 0.124\ (m)$$

验算液体在降液管中停留时间，即

$$\theta = \frac{3600A_fH_T}{L_h} = \frac{3600\times0.0567\times0.40}{0.0017\times3600} = 13.34\ (s) > 5\ (s)$$

故降液管设计合理。

(4) 降液管底隙高度。

取降液管底隙的流速 u_0'=0.08 m/s，则

$$h_0 = \frac{L_h}{3600l_wu_0'} = \frac{0.0017\times3600}{3600\times0.66\times0.08} = 0.032\ (m)$$

h_0 一般大于 20～25 mm，且有

$$h_w - h_0 = 0.047 - 0.032 = 0.015\ (\text{m}) > 0.006\ (\text{m})$$

故降液管底隙高度设计合理。

2）塔板布置

（1）塔板的分块。

当 $D \leqslant 800$ mm，塔板采用整块式；当 $D \geqslant 800$ mm，塔板采用分块式。查塔板块数表得塔板分为 3 块。

（2）安定区边缘区宽度确定。

安定区是开孔区与溢流区之间的不开孔区域，也称破沫区。无效区在靠近塔壁的一圈边缘区域供支持塔板的边梁之用，也称边缘区。由于 $W_s = W'_s = 50 \sim 100$ mm，$W_c = 30 \sim 170$ mm，对小直径的塔，安定区相应减小。

一般取安定区 $W_s = W'_s = 0.065$ m，边缘区 $W_c = 0.035$ m。

（3）开孔区面积计算。

开孔区面积 A_a 计算为

$$A_a = 2\left(x\sqrt{r^2 - x^2} + \frac{\pi}{180} r^2 \sin^{-1}\frac{x}{r}\right)$$

式中：

$$x = \frac{D}{2} - (W_d + W_s) = \frac{1.0}{2} - (0.124 + 0.065) = 0.311\ (\text{m})$$

$$r = \frac{D}{2} - W_c = \frac{1.0}{2} - 0.035 = 0.465\ (\text{m})$$

故 $A_a = 2 \times \left(0.311 \times \sqrt{0.465^2 - 0.311^2} + \frac{\pi \times 0.465^2}{180} \sin^{-1}\frac{0.311}{0.465}\right) = 0.532 (\text{m}^2)$

（4）筛孔计算及其排列。

由于苯和甲苯没有腐蚀性，可选用厚度 $\delta = 3$ mm 碳钢板，取筛孔直径 $d_0 = 5$ mm（选 3～8 mm 之间，不小于 $1.5\delta \sim 2\delta$）。筛孔按正三角形排列，取孔中心距 t（选 $2.5d_0 \sim 5d_0$）为

$$t = 3d_0 = 3 \times 5 = 15\ (\text{mm}) = 0.015\ (\text{m})$$

筛孔数目 n 为

$$n = \frac{1.155A_a}{t^2} = \frac{1.155 \times 0.532}{0.015^2} = 2731(\text{个})$$

开孔率为

$$\varphi = \frac{A_0}{A_a} = 0.907\left(\frac{d_0}{t}\right)^2 = 0.907 \times \left(\frac{0.005}{0.015}\right)^2 = 10.1\%(\text{选 } 4\% \sim 15\% \text{ 之间})$$

气体通过筛孔的气速为

$$A_0 = \varphi A_a$$

$$u_0 = \frac{V_S}{A_0} = \frac{0.62}{10.1\% \times 0.532} = 11.54\ (\text{m/s})$$

7. 筛板的流体力学验算

1）塔板压降

（1）干板阻力 h_c 计算。

干板阻力由下式计算：

$$h_c = \frac{1}{2g}\left(\frac{u_0}{C_0}\right)^2\left(\frac{\rho_V}{\rho_L}\right) = 0.051\left(\frac{u_0}{C_0}\right)^2\left(\frac{\rho_V}{\rho_L}\right)$$

由 $d_0/\delta=5/3=1.67$，可查筛孔流量系数图得，流量系数：

$$C_0=0.772$$

故
$$h_c = 0.051\times\left(\frac{11.54}{0.772}\right)^2\times\left(\frac{2.92}{802.1}\right) = 0.0415\ (\text{m})$$

（2）气体通过液层的阻力 h_l 计算。

气体通过液层的阻力 h_l 由下式计算，β 是充气系数，反映板上充气程度，即

$$h_l = \beta h_L$$

液层上部的气体速度：

$$u_a = \frac{V_s}{A_T - A_f} = \frac{0.62}{0.785-0.0567} = 0.851\ (\text{m/s})$$

气相动能因子：

$$F_0 = u_a\sqrt{\rho_V} = 0.851\times\sqrt{2.92} = 1.45\ (\text{kg}^{\frac{1}{2}}\cdot\text{s}^{-1}\cdot\text{m}^{-\frac{1}{2}})$$

查充气系数关联图得

$$\beta = 0.61$$

故 $h_l = \beta h_L = \beta(h_w + h_{ow}) = 0.61\times(0.047+0.013) = 0.0366(\text{m})$（液柱）

（3）液体表面张力的阻力 h_σ 计算

液体表面张力所产生的阻力 h_σ 由下式计算，即

$$\sigma_L=20.41\ \text{mN/m}=20.41\times10^{-3}\ \text{N/m}$$

$$h_\sigma = \frac{4\sigma_L}{\rho_L g d_0} = \frac{4\times20.4\times10^{-3}}{802.1\times9.81\times0.005} = 0.0021\ (\text{m})$$

气体通过每层塔板的液柱高度 h_p 按下式计算：

$$h_p = h_c + h_l + h_\sigma = 0.0415+0.0366+0.0021 = 0.080\ (\text{m})$$

气体通过每层塔板的压降为

$$\Delta p_p = h_p\rho_L g = 0.08\times802.1\times9.81 = 629(\text{Pa}) < 0.7(\text{kPa})\text{（设计允许值）}$$

2）液面落差

对于筛板塔，液面落差很小。本设计的塔径和液流量均不大，故可忽略液面落差的影响。

3）雾沫夹带

雾沫夹带按下式计算：

$$h_f = 2.5h_L = 2.5 \times 0.06 = 0.15\ (\mathrm{m})$$

$$e_V = \frac{5.7 \times 10^{-6}}{\sigma_L}\left(\frac{u_a}{H_T - h_f}\right)^{3.2} = \frac{5.7 \times 10^{-6}}{20.4 \times 10^{-3}} \times \left(\frac{0.851}{0.40 - 0.15}\right)^{3.2}$$

$$= 0.0141(\mathrm{kg}(液体)/\mathrm{kg}(气体)) < 0.1(\mathrm{kg}(液体)/\mathrm{kg}(气体))$$

故在本设计中雾沫夹带量 e_V 在允许的范围内。

4）漏液

对筛板塔，漏液点气速 $u_{0,\min}$ 按下式计算，流量系数：

$$C_0 = 0.772$$

$$u_{0,\min} = \frac{V_{S,\min}}{A_0} = 4.4C_0\sqrt{(0.0056 + 0.13h_L - h_\sigma)\frac{\rho_L}{\rho_V}}$$

$$= 4.4 \times 0.772 \times \sqrt{(0.0056 + 0.13 \times 0.06 - 0.0021) \times 802.1/2.92}$$

$$= 5.985(\mathrm{m/s})$$

实际孔速：

$$u_0 = 11.54(\mathrm{m/s}) > u_{0,\min}$$

稳定系数为

$$K = \frac{u_0}{u_{0,\min}} = \frac{11.54}{5.985} = 1.93 > 1.5$$

故在本设计中无明显漏液。

5）液泛

为防止塔内发生液泛，降液管内液层高 H_d 应服从下式所表示的关系，即

$$H_d \leqslant K(H_T + h_w)$$

苯-甲苯物系属一般物系，取安全系数 $K=0.5$（对易发泡物系 $K=0.3\sim0.5$，不易发泡物系 $K=0.6\sim0.7$），则

$$K(H_T + h_w) = 0.5 \times (0.40 + 0.047) = 0.224\ (\mathrm{m})$$

而

$$H_d = h_p + h_L + h_d$$

h_d 与液体流过降液管的压降相当的液柱高度，是由底隙处的局部阻力造成，板上不设进口堰，h_d 按经验公式估算：

$$h_d = 0.153\left(\frac{L_S}{l_w h_0}\right)^2 = 0.153(u'_0)^2 = 0.153 \times 0.08^2 = 0.001\ (\mathrm{m})$$

所以

$$H_d = 0.08 + 0.06 + 0.001 = 0.141\ (\mathrm{m})$$

$$H_d < K(H_T + h_w)$$

故本设计中不会发生液泛现象。

8. 精馏塔塔板负荷性能图

1）漏液线

由 $$u_{0,\min} = V_{S,\min}/A_0 = 4.4C_0\sqrt{[0.0056+0.13(h_w+h_{ow})-h_\sigma]\frac{\rho_L}{\rho_V}}$$

$$h_{ow} = \frac{2.84}{1000}E\left(\frac{L_h}{l_w}\right)^{\frac{2}{3}}$$

得

$$\begin{aligned}V_{S,\min} &= 4.4C_0A_0\sqrt{\left\{0.0056+0.13\left[h_w+\frac{2.84}{1000}\times E\times\left(\frac{L_h}{l_w}\right)^{\frac{2}{3}}\right]-h_\sigma\right\}\times\frac{\rho_L}{\rho_V}}\\ &= 4.4\times 0.772\times 0.101\times 0.532\\ &\quad\times\sqrt{\left\{0.0056+0.13\left[0.047+\frac{2.84}{1000}\times 1\times\left(\frac{3600L_s}{0.66}\right)^{\frac{2}{3}}\right]-0.0021\right\}\times\frac{802.1}{2.92}}\\ &= 3.025\sqrt{0.00961+0.114L_S^{\frac{2}{3}}}\end{aligned}$$

在操作范围内，任取几个 L_S 值，依上式计算出 V_S 值，计算结果如表 3.11 所示。

表 3.11 漏液线计算结果

$L_S/(m^3/s)$	0.0006	0.0015	0.0030	0.0045	0.006
$V_S/(m^3/s)$	0.309	0.319	0.331	0.341	0.350

由表 3.11 的数据即可做出漏液线。

2）雾沫夹带线

以 $e_V=0.1$ kg(液体)/kg(气体)为限，求 V_S-L_S 关系如下：

$$e_V = \frac{5.7\times 10^{-6}}{\sigma_L}\left(\frac{u_a}{H_T-h_f}\right)^{3.2}$$

$$u_a = \frac{V_S}{A_T-A_f} = \frac{V_S}{0.785-0.0567} = 1.373V_S$$

$$h_f = 2.5h_L = 2.5(h_w+h_{ow})$$

$$h_w = 0.047$$

$$h_{ow} = \frac{2.84}{1000}\times E\times\left(\frac{L_h}{l_w}\right)^{\frac{2}{3}} = \frac{2.84}{1000}\times 1\times\left(\frac{3600\times L_S}{0.66}\right)^{\frac{2}{3}} = 0.88L_S^{\frac{2}{3}}$$

故 $$h_f = 0.118+2.2L_S^{\frac{2}{3}}$$

$$H_T-h_f = 0.282-2.2L_S^{\frac{2}{3}}$$

$$e_V = \frac{5.7\times 10^{-6}}{20.4\times 10^{-3}}\times\frac{1.373V_S}{0.282-2.2L_S^{\frac{2}{3}}} = 0.1$$

整理得

$$V_S = 1.29 - 10.07L_s^{\frac{2}{3}}$$

计算结果如表 3.12 所示。

表 3.12　雾沫夹带线计算结果

$L_S/(m^3/s)$	0.0006	0.0015	0.0030	0.0045	0.006
$V_S/(m^3/s)$	1.218	1.158	1.081	1.016	0.957

由表 3.12 的数据即可做出雾沫夹带线。

3）液相负荷下限线

对于平直堰，取堰上液层高度 $h_{ow}=0.006$ m 作为最小液体负荷标准：

$$h_{ow} = \frac{2.84}{1000} \times E \times \left(\frac{3600 \times L_S}{l_w}\right)^{\frac{2}{3}} = 0.006$$

取 $E=1$，则

$$L_{S,min} = \left(\frac{0.006 \times 1000}{2.84}\right)^{\frac{3}{2}} \times \frac{0.66}{3600} = 0.00056(m^3/s)$$

据此可做出与气体流量无关的垂直液相负荷下限线。

4）液相负荷上限线

以 $\theta=4$ s 作为液体在降液管中停留时间的上限，则

$$\theta = \frac{A_f H_T}{L_S} = 4$$

故

$$L_{S,max} = \frac{A_f H_T}{4} = \frac{0.0567 \times 0.40}{4} = 0.00567\ m^3/s$$

据此可做出与气体流量无关的垂直液相负荷上限线。

5）液泛线

令 $H_d = K(H_T + h_w)$，由

$$H_d = h_p + h_L + h_d = h_c + h_l + h_\sigma + h_d + h_L, \quad h_l = \beta h_L, \quad h_L = h_w + h_{ow}$$

联立解得

$$KH_T + (K - \beta - 1)h_w = (\beta + 1)h_{ow} + h_c + h_\sigma + h_d$$

忽略 h_σ，将 h_{ow} 与 L_S，h_d 与 L_S，h_c 与 V_S 的关系式代入上式，并整理得如下方法。

方法一：

$$KH_T + (K - \beta - 1)h_w = 0.5 \times 0.4 + (0.5 - 0.61 - 1) \times 0.047$$

$$(\beta + 1)h_{ow} = (\beta + 1)\frac{2.84}{1000}E\left(\frac{3600 \times L_S}{l_w}\right)^{\frac{2}{3}}$$

$$= (0.61 + 1) \times \frac{2.84}{1000} \times 1 \times \left(\frac{3600 \times L_S}{0.66}\right)^{\frac{2}{3}}$$

$$h_c = 0.051\left(\frac{u_0}{C_0}\right)^2\left(\frac{\rho_V}{\rho_L}\right) = 0.051\left(\frac{V_S}{A_0 C_0}\right)^2\left(\frac{\rho_V}{\rho_L}\right)$$

$$= 0.051\left(\frac{V_S}{0.101 \times 0.532 \times 0.772}\right)^2\left(\frac{2.92}{802.1}\right)$$

$$h_d = 0.153(u_0')^2 = 0.153\left(\frac{L_S}{l_w h_0}\right)^2 = 0.153\left(\frac{L_S}{0.66 \times 0.032}\right)^2$$

$$KH_T + (K-\beta-1)h_w = (\beta+1)h_{ow} + h_c + h_\sigma + h_d$$

$$V_S^2 = 1.37 - 3176L_S^2 - 13.16L_S^{\frac{2}{3}}$$

$$V_S = \sqrt{1.37 - 3176L_S^2 - 13.16L_S^{\frac{2}{3}}}$$

方法二：

$$a'V_S^2 = b' - c'L_S^2 - d'L_S^{\frac{2}{3}}$$

式中：

$$a' = \frac{1}{2g} \times \frac{1}{(A_0 C_0)^2} \times \left(\frac{\rho_V}{\rho_L}\right) = \frac{1}{2 \times 9.81} \times \frac{1}{(0.101 \times 0.532 \times 0.772)^2} \times \left(\frac{2.92}{802.1}\right) = 0.108$$

$$b' = KH_T + (K-\beta-1)h_w = 0.5 \times 0.40 + (0.5 - 0.61 - 1) \times 0.047 = 0.148$$

$$c' = \frac{0.153}{(l_w h_0)^2} = \frac{0.153}{(0.66 \times 0.032)^2} = 343.01$$

$$d' = (\beta+1)\frac{2.84}{1000} \times E \times \left(\frac{3600}{l_w}\right)^{\frac{2}{3}} = (0.61+1) \times \frac{2.84}{1000} \times 1 \times \left(\frac{3600}{0.66}\right)^{\frac{2}{3}} = 1.421$$

将有关的数据代入整理，得

$$a'V_S^2 = b' - c'L_S^2 - d'L_S^{\frac{2}{3}}$$

$$0.108V_S^2 = 0.148 - 343.01L_S^2 - 1.421L_S^{\frac{2}{3}}$$

$$V_S^2 = 1.37 - 3176L_S^2 - 13.16L_S^{\frac{2}{3}}$$

$$V_S = \sqrt{1.37 - 3176L_S^2 - 13.16L_S^{\frac{2}{3}}}$$

在操作范围内，任取几个 L_S 值，依上式计算出 V_S 值，计算结果如表 3.13 所示。

表 3.13 液泛线计算结果

$L_S/(m^3/s)$	0.0006	0.0015	0.003	0.0045	0.006
$V_S/(m^3/s)$	1.275	1.190	1.068	0.948	0.867

由表 3.13 即可做出液泛线。

根据以上各线方程，如表 3.14 所示，可做出筛板塔的负荷性能图。在负荷性能图上（见图 3.25），气液比 V/L 一定，操作线斜率一定，回流比 $R=L/D=L/(V-L)$ 一定，操作点为 $P(L_S,V_S)$，坐标原点 $O(0,0)$，连接 OP 并延长，即做出操作线。

表 3.14　五条线和操作线计算结果

漏液线		雾沫夹带线		液相负荷下限线		液相负荷上限线		液泛线		OP 操作线	
L_S	V_S	L_S	V_S	L_S	V_S	L_S	V_S	L_S	V_S	L_S	V_S
0.0006	0.309	0.0006	1.218	0.00056	0.1	0.00567	0.1	0.0006	1.275	0	0
0.0015	0.319	0.0015	1.158	0.00056	0.4	0.00567	0.4	0.0015	1.19	0.0017	0.621
0.003	0.331	0.003	1.081	0.00056	0.8	0.00567	0.8	0.003	1.068		
0.0045	0.341	0.0045	1.016	0.00056	1.2	0.00567	1.2	0.0045	0.948		
0.006	0.350	0.006	0.957	0.00056	1.4	0.00567	1.4	0.006	0.8667		

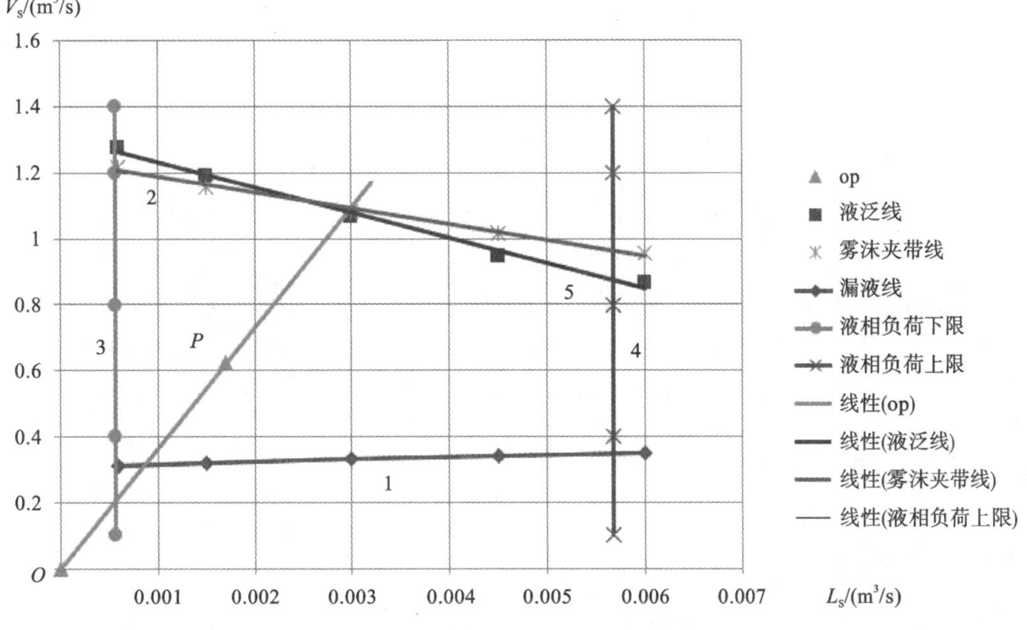

图 3.25　筛板塔负荷性能图

由图 3.25 可看出，该筛板的操作上限为液泛控制，下限为漏液控制。

由图 3.25 得

$$V_{S,max}=1.075\ m^3/s,\quad V_{S,min}=0.317\ m^3/s$$

故操作弹性为

$$\frac{V_{S,max}}{V_{S,min}}=\frac{1.075}{0.317}=3.391$$

所设计精馏筛板塔的主要结果汇总如表 3.15 所示。

表 3.15　筛板塔设计计算结果

序　号	项　目	数　据
1	平均温度 T_m/℃	90.2
2	平均压力 P_m/kPa	108.8
3	气相流量 V_S/(m^3/s)	0.62
4	液相流量 L_S/(m^3/s)	0.0017
5	塔的有效高度 Z/m	10
6	实际塔板数 N	25
7	塔径 D/m	1.0
8	板间距 H_T/m	0.4
9	溢流形式	单溢流
10	降液管形式	弓形
11	堰长 l_w/m	0.66
12	堰高 h_w/m	0.047
13	板上液层高度 h_L/m	0.06
14	堰上液层高度 h_{ow}/m	0.013
15	降液管底隙高度 h_o/m	0.032
16	安定区宽度 W_s/m	0.06
17	边缘区宽度 W_c/m	0.035
18	开孔区面积 A_a/m^2	0.532
19	筛孔直径 d/m	0.005
20	筛孔数目 n	2731
21	孔中心距 t/m	0.015
22	开孔率 φ/%	10.1
23	空塔气速 u/(m/s)	0.791
24	筛孔气速 u_0/(m/s)	11.54
25	稳定系数 K	1.93
26	每层塔板压降/kPa	629
27	负荷上限	液泛控制
28	负荷下限	漏液控制
29	气相负荷上限 $V_{S,max}$/(m^3/s)	1.075
30	气相负荷下限 $V_{S,min}$/(m^3/s)	0.317
31	操作弹性	3.391

精馏塔例题附图：

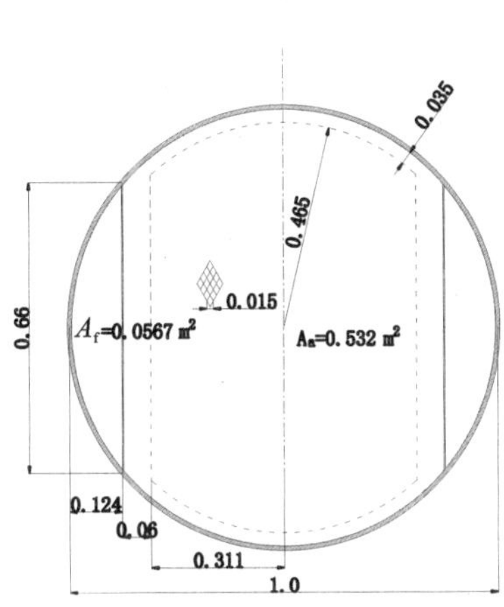
0.035
0.465
0.015
0.66
A_f=0.0567 m²
Aa=0.532 m²
0.124
0.06
0.311
1.0

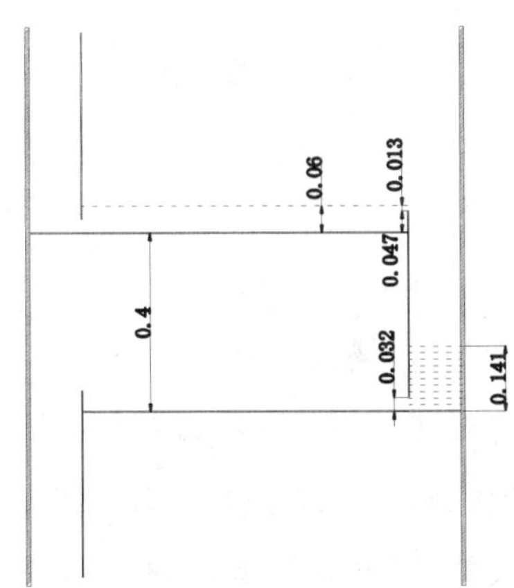
0.06
0.013
0.047
0.4
0.032
0.141

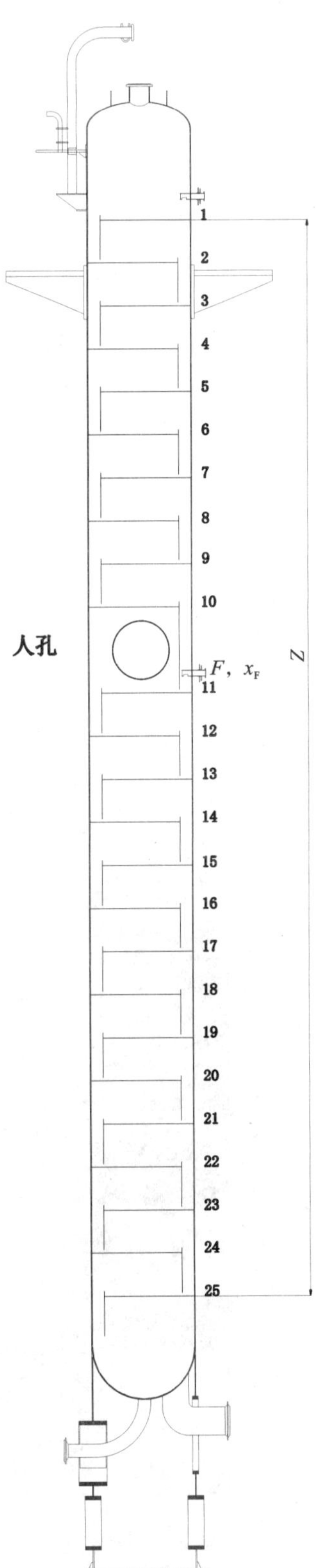
1
2
3
4
5
6
7
8
9
10
人孔
F, x_F
11
12
13
14
15
16
17
18
19
20
21
22
23
24
25
Z

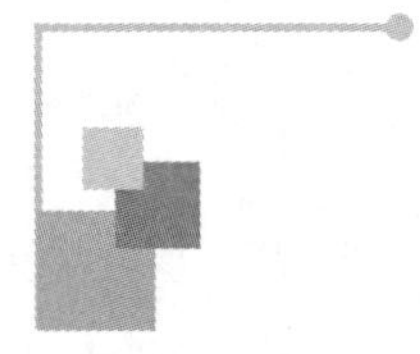

4 填料吸收塔的设计

吸收是根据气体混合物中各组分在液体中溶解度的不同进行组分分离的。塔设备是化工、石油、制药等生产中最重要的设备之一。在塔设备中能进行的单元操作有精馏、吸收、解吸等。其吸收操作主要在填料塔和板式塔中进行,尤以填料塔的应用较为广泛。

4.1 吸收塔的分类

工业吸收塔应具备以下基本要求。

(1) 塔内气体与和液体应有足够的接触面积和接触时间。

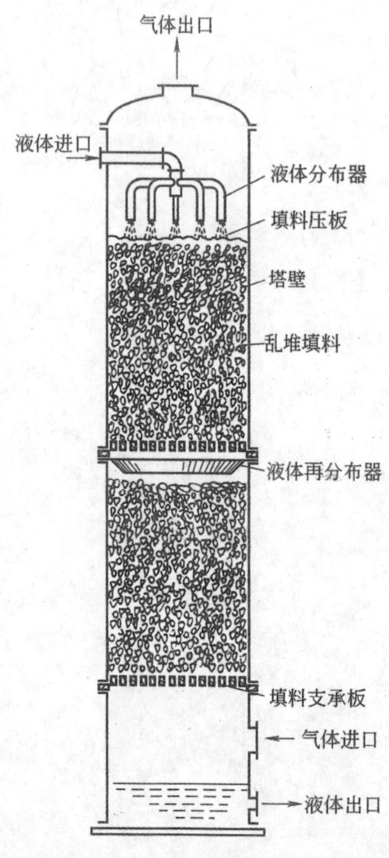

图 4.1 填料塔

(2) 气液两相应具有强烈扰动,减少传质阻力,提高吸收效率。

(3) 操作范围宽,运行稳定。

(4) 设备阻力小,能耗低。

(5) 具有足够的机械强度和耐腐蚀能力。

(6) 结构简单、方便制造和检修。

常用吸收塔设备可分为板式塔与填料塔(见图 4.1)两大类,第 3 章已介绍板式塔的设计,本章将介绍填料塔的设计。

填料塔主要由塔体、填料、液体分布器、填料支承结构、压板、支座等组成。填料塔的塔身是一个直立式圆筒,底部装有填料支承板,填料以乱堆或整砌的方式放置在支承板上。填料的上方安装填料压板,以防被上升气流吹动。液体从塔顶经液体分布器喷淋到填料上,并沿填料表面流下。混合气体从塔底送入,经气体分布装置(小直径塔一般不设气体分布装置)分布后,与液体呈逆流连续通过填料层的空隙,气体、液体在填料表面上进行气—液传质。填料塔属于连续接触式气液传质设备，两相组成沿塔高连续变化，在正常操作状态下，气相为连续相，液相为分散相。

当液体沿填料层向下流动时，有逐渐向塔壁集中的趋势，使得塔壁附近的液流量逐渐增大，这种现象称为壁流。壁流效应造成气液两相在填料层中分布不均，从而使传质效率下降。因此，当填料层较高时，需要进行分段，中间设置再分布装置。液体再分布装置包括液体收集器和液体再分布器两部分，上层填料流下的液体经液体收集器收集后，送到液体再分布器，经重新分布后喷淋到下层填料上。

近年来，随着高效新型填料、高性能塔内件的开发，以及人们对填料流体力学及传质机理的深入研究，使填料性能得到了迅速提高。金属环矩鞍、鲍尔环、波纹填料等大通量、高效率填料的开发，以及规整填料在大直径塔的采用，使填料塔技术得到了迅速发展。

4.2　吸收塔的设计要求

一般而言，吸收过程与精馏过程所需要的塔设备具有相同的原则要求，即用较小直径的塔设备完成规定的处理量，塔板或填料层阻力要小，具有良好的传质性能，具有合适的操作弹性，结构简单，造价低，易于制造、安装、操作和维修等。作为吸收过程，填料塔阻力小，效率高，节能，所以采用填料塔居多。

本章主要介绍填料塔的塔板类型、操作特点，分析填料塔的流体流动力学特性。以填料塔为例，阐述对吸收设备进行工艺计算及结构设计的步骤与方法。

4.3　填料吸收塔的设计

设计方案的确定主要包括填料选择、物料衡算、塔径计算、填料层高度计算、填料层压降的计算、液体分布器和辅助设备的计算及选型。该设计的成果有填料吸收塔的装配图。填料吸收塔的设计步骤如下。

（1）确定吸收过程平衡关系、吸收剂的用量、装置的气液负荷、物性参数。

（2）选择填料。

（3）计算塔径。

（4）计算填料高度。

（5）计算填料层压降。

（6）填料吸收塔附属设备选型和结构设计。

4.3.1　设计方案的确定

设计方案包括确定吸收装置流程、设备型式和操作条件、选择吸收剂、填料。

1. 确定吸收装置流程

1）单塔吸收流程

单塔吸收流程是吸收过程中最常用的流程，其流程简单、冷凝冷却负荷较小。若过程中的分离要求较高，使用单塔操作或采用两步吸收流程时，所需塔体过高，则采用多塔流程。

2）逆流吸收

逆流操作具有传质推动力大、分离效率高的优点而广泛应用工程上，一般均采用逆流吸收流程。

3）部分溶剂循环吸收流程

填料塔的分离效率受填料层上的液体喷淋量影响较大，当液相喷淋量过小时，将降低填料塔的分离效率。因此，当塔的液相负荷过小而难以充分润湿填料表面时，可以采用部分溶剂循环吸收流程，以提高液相喷淋量，改善塔的操作条件。

2. 吸收操作条件选择

1）操作温度的选择

对于物理吸收，降低操作温度，对吸收有利。一般情况下，取常温吸收，其能耗最低。

对于化学吸收，操作温度既要考虑温度对化学反应速度常数的影响，也要考虑对化学平衡的影响，使吸收反应具有适宜的反应速度，应根据化学反应的性质而定。

对于再生操作，较高的操作温度可以降低溶质的溶解度，有利于吸收剂的再生。

2）操作压力的选择

对于物理吸收，加压操作一方面有利于提高吸收过程的传质推动力而提高过程的传质速率；另一方面也可以减小气体的体积流率、减小吸收塔径。但若压力过高，则减少吸收剂用量，或增加吸收塔造价。对于解吸再生操作，其操作压力应以吸收剂的再生要求而定，一次或逐次减压直至处于真空操作。一般从经济角度出发，兼顾吸收和解吸操作，选择合适的操作压力。

3. 吸收剂的选择

选择性能优良的吸收剂是吸收过程的关键，选择吸收剂时一般应考虑如下因素。

（1）溶剂应对被分离组分有较大的溶解度，可减少吸收剂用量，从而降低回收溶剂的能量消耗。

（2）吸收剂应有较高的选择性，即对于溶质 A 能选择性溶解，而对其余组分则基本不吸收或吸收很少。

(3) 吸收后的溶剂应易于再生,以减少"脱吸"的设备费和操作费用。

(4) 溶剂的蒸气压要低,以减少吸收过程中溶剂的挥发损失。

(5) 溶剂应有较低的黏度、较高的化学稳定性;不易发泡,以利于实现高效、稳定操作。

(6) 溶剂应安全性能好,尽可能价廉、易得、无毒、不易燃、腐蚀性小。

4.3.2 填料的选择

填料的种类有很多,按照制成填料的材料是实体还是网体可分为实体填料和网体填料两类。实体填料可由陶瓷、金属或塑料等制成,如拉西环、鲍尔环、阶梯环、弧鞍形和矩鞍填料等;网体填料可由金属丝制成,如 θ 网环、网状鞍形填料、网波纹填料等。按照填料在塔内堆积的方法不同可分为乱堆填料和整砌填料两类。乱堆填料有颗粒形填料,如拉西环、鞍形填料、鲍尔环、阶梯环等作无规则推挤而成;整砌填料则常由规整的填料整齐砌成,也可由拉西环等颗粒填料砌成。

1. 散堆填料

散堆填料是单个散装的颗粒填料,又称乱堆填料。其材料通常为陶瓷、金属、塑料、玻璃、石墨等。几种散装填料如图 4.2 所示。

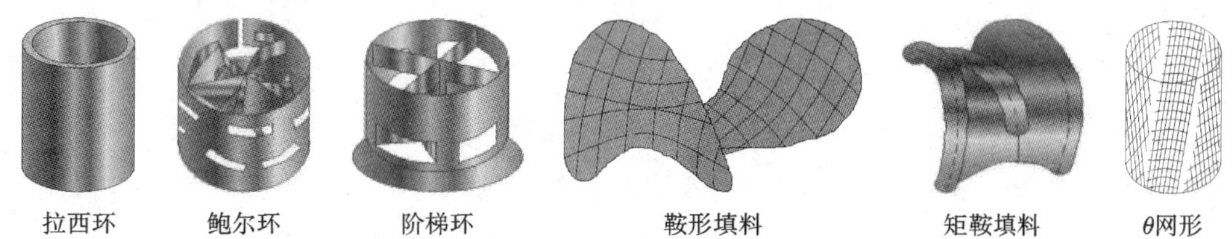

图 4.2　散装填料

拉西环是最古老最典型的一种填料,其形状简单。常用的拉西环为外径与高相等的圆筒,对其流体力学及传质规律研究得比较完善。由于拉西环阻力大、传质效率差,已逐渐被新型填料所代替。

鲍尔环填料是对拉西环的改进,在拉西环的侧壁上开出两排长方形的窗孔,被切开的环壁的一侧仍与壁面相连,另一侧向环内弯曲,形成内伸的舌叶,其中舌叶的侧边在环中心相搭。由于鲍尔环的环壁开孔,从而大大提高了环内空间及环内表面的利用率,使得气流阻力小,液体分布均匀。与拉西环相比,鲍尔环的气体通量可增加 50%以上,且传质效率提高 30%左右。故鲍尔环是一种应用较广的填料。

阶梯环填料是对鲍尔环填料的改进,阶梯环填料的性能优于鲍尔环,目前是环形填料中最优良的一种。阶梯环填料比鲍尔环填料的气体通量可增加 10%～20%,压强降低 30%～40%,分离效率视具体工艺均有不同程度提高。表 4.1 所示的是阶梯环填料的特性数据。

表 4.1　阶梯环填料的特性数据

材质	外径/mm×高/mm×厚/mm	比表面/(m^2/m^3)	空隙率	堆积个数/(个/m^3)	堆积密度/(kg/m^3)	干填料因子/m^{-1}	填料因子/m^{-1}
陶瓷	50(*)①×30×5	108.8	0.787	9091	516	223	
	50(#)②×30×5	105.6	0.774	9300	483	278	
	76×45×7	63.4	0.795	2517	420	126	
钢	25×17.5×0.6	220	0.93	97160	439	273.5	230
	38×19×0.8	154.3	0.94	31890	475.5	185.5	118
	50×25×1.0	109.2	0.95	11600	400	127.4	82
塑料	25×17.5×1.4	228	0.90	81500	97.8	312.8	240
	38×19×1.0	132.5	0.91	27200	57.5	175.6	130
	50×25×1.5	114.2	0.927	10700	54.8	143	
	50×30×1.5	121.8	0.915	9980	78.6	159	80
	76×37×3	90	0.929	3420	68.4	112	72

注：* 为米字形陶瓷阶梯环；# 为井字形陶瓷阶梯环。

鞍形填料是一种像马鞍形的敞开式填料。它与鲍尔环都被认为是效率高、阻力小、性能较好的工业填料。弧鞍形填料是由金属丝网做成鞍形状的填料，它具有金属丝网分散液体的特点，又有弧形结构的优点，一般由一系列网目 80～100 目的金属丝网压成。弧鞍填料属于鞍形填料的一种，其形状如同马鞍，一般采用瓷质材料制成，弧鞍填料的特点是表面全部敞开，不分内外，液体在表面两侧均匀流动，其表面利用率高、流道呈弧形、流动阻力小。其缺点是易发生套叠，致使一部分填料表面被重合，使传质效率降低。弧鞍填料的强度较差，容易破碎，在工业生产中应用不多。

矩鞍填料是将弧鞍填料两端的弧形面改为矩形面，且两面大小不等。矩鞍填料堆积时不会套叠，液体分布较均匀。矩鞍填料一般采用瓷质材料制成，其性能优于拉西环。目前，国内绝大多数应用瓷拉西环的场合，均已被瓷矩鞍填料所取代。

网形填料主要有 θ 网环、压延孔环、网形弧鞍和双层网环。θ 网环填料由金属丝网做成，由于丝网的毛细作用，使液体能很好地分散，可消除沟流现象。金属丝网一般用 60～100 目、环直径 1～6 mm，是一种高效填料。

散装填料常用的公称尺寸为 16 mm、25 mm、38 mm、50 mm 和 76 mm。同类填料中，尺寸越小，分离效率越高，但其阻力增加，且通量小、填料费用高。虽然大尺寸填料通量大，但液体分布不良及严重壁流，使塔的分离效果下降。

表 4.2 所示，一般当塔径 $D<300$ mm，填料直径 $d=20\sim50$ mm；当塔径 $D=300\sim900$ mm，填料直径 $d=25\sim38$ mm；当塔径 $D>900$ mm，填料直径 $d=50\sim70$ mm。

表 4.2 塔径与填料公称直径的比值 D/d 的推荐值

填料种类	拉西环	鞍形填料	鲍尔环	阶梯环	环矩鞍
D/d 的推荐值	≥20～30	≥15	≥10～15	≥8	≥8

2. 规整填料

规整填料是按一定几何构型排列，整齐堆砌的填料，又称整砌填料。规整填料改善了沟流和壁流现象，压降很小；与散装填料相比，可以安排更大的表面积，因此效率更高。如图4.3所示，规整填料根据结构分为以下几种。

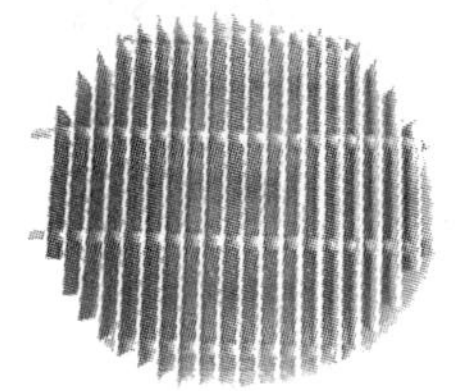

(a) 格栅填料

(b) 金属丝网波纹填料

(c) 金属孔板波纹填料

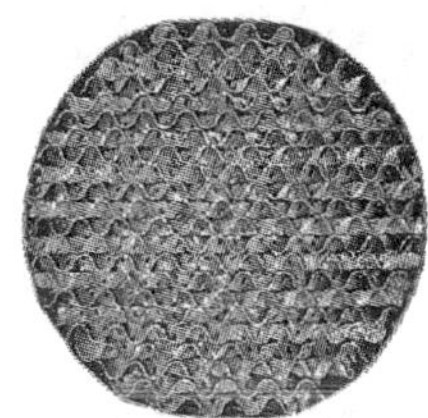

(d) 脉冲填料

图 4.3 规整填料

格栅填料是以条状单元体经一定规则组合而成。格栅填料整体性好、空隙率高，能防止气液急流突然冲击而致的变形与松动。其构件自由膨胀，比表面积较低，适用于减压、压降小、负荷大、易堵塞、温度高的场合。

金属波纹形填料由平行丝网波形片垂直排列组装而成。网状波纹的方向与塔轴成一定的倾角，相邻两网片的波纹倾斜方向相反，使波纹片之间形成一系列相互交叉的三角形流道，且相邻两盘成 90°交叉安放，使上升气体不断改变方向，下降液体不断重新分布，故传质效率高。流动液许多波纹薄板组成的圆饼状的填料，其直径略小于壳体内径。金属波纹形填料有波纹网填料和波纹板填料。其填料规整排列，流动阻力小、空塔气速高，但价格高，填料装卸、清洗困难，不适合黏度大、易聚合或有沉淀的物料。表 4.3 所示的是各种波纹填料的特性数据。

表 4.3 各种波纹填料的特性数据

名称	填料材质	型号	材料	比表面 /(m^2/m^3)	当量直径 /mm	倾角度 /(°)	空隙率	堆积密度 /(kg/m^3)
金属丝网波纹填料	金属丝网	AX	不锈钢	250	15	30	0.95	1250
		BX		500	7.5	30	0.90	2500
		CY		700	5	45	0.85	3500
	塑料丝网	BX	聚丙烯	450	7.5	30	0.85	1200

续表

名称	填料材质	型号	材料	比表面 /(m^2/m^3)	当量直径 /mm	倾角度 /(°)	空隙率	堆积密度 /(kg/m^3)
金属孔板波纹填料	金属(或塑料)薄板	250Y	碳钢、不锈钢、铝、聚氯乙烯、乙烯等	250	15	45	0.97	2000
	陶瓷薄板	BY	陶瓷	450	6	30	0.75	5500

脉冲填料由带缩颈的中空三棱柱填料单元排列成规整填料，一般采取交错收缩堆砌，气液两相流过交替收缩和扩大的通道，产生强烈湍流，强化了传质。其特点是处理量大、阻力小、气液分布均匀。

4.3.3　填料吸收塔的设计计算

1. 气液相平衡

当总体压强不高(一般约小于 500 kPa)时，在一定温度下，稀溶液上方气相中溶质的平衡分压与液相中溶质的摩尔分数成正比，其表达式为

$$p_A^* = Ex \tag{4.1}$$

式中：p_A^* 为溶质在气相中的平衡分压，单位为 kPa；E 为比例系数，称为亨利系数，单位为 kPa；x 为液相中溶质的摩尔分数。

$$p_A^* = \frac{c}{H} \tag{4.2}$$

式中：c 为液相中溶质的物质的量浓度，单位为 $kmol/m^3$；H 为溶解度系数 $kmol/(m^3 \cdot kpa)$，溶解度系数 H 与亨利系数 E 之间的关系为 $H = \frac{\rho}{ME}$。

$$y^* = mx \tag{4.3}$$

式中：y^* 为溶质在气相中的平衡摩尔分数；m 为相平衡常数，m 值大，则表示溶解度小，相平衡常数 m 与亨利系数 E 之间的关系为 $m = \frac{E}{p}$。

$$Y^* = \mathrm{m}X \tag{4.4}$$

式中：Y^* 为溶质在气相中的平衡摩尔比；X 为液相中溶质与溶剂的摩尔比。

易溶气体的亨利系数 E 值很小，难溶气体的 E 值很大，溶解度居中的气体的 E 值介于两者之间。一般 E 值随温度升高而增大。常见气体的 E 值如表 4.4 所示。

表 4.4 某些气体水溶液的亨利系数

气体种类	温度/℃															
	0	5	10	15	20	25	30	35	40	45	50	60	70	80	90	100
	$E\times10^{-6}$/kPa															
H_2	5.87	6.16	6.44	6.70	6.92	7.16	7.39	7.52	7.61	7.70	7.75	7.75	7.71	7.65	7.61	7.55
N_2	5.35	6.05	6.77	7.48	8.15	8.76	9.36	9.98	10.5	11.0	11.4	12.2	12.7	12.8	12.8	12.8
空气	4.38	4.94	5.56	6.15	6.73	7.30	7.81	8.34	8.82	9.23	9.59	10.2	10.6	10.8	10.9	10.8
CO	3.57	4.01	4.48	4.95	5.43	5.88	6.28	6.68	7.05	7.39	7.71	8.32	8.57	8.57	8.57	8.57
O_2	2.58	2.95	3.31	3.69	4.06	4.44	4.81	5.14	5.42	5.70	5.96	6.37	6.72	6.96	7.08	7.10
CH_4	2.27	2.62	3.01	3.41	3.81	4.18	4.55	4.92	5.27	5.58	5.85	6.34	6.75	6.91	7.01	7.10
NO	1.71	1.96	2.21	2.45	2.67	2.91	3.14	3.35	3.57	3.77	3.95	4.24	4.44	4.45	4.58	4.60
C_2H_6	1.28	1.57	1.92	2.90	2.66	3.06	3.47	3.88	4.29	4.69	5.07	5.72	6.31	6.70	6.96	7.01
	$E\times10^{-5}$/kPa															
C_2H_4	5.59	6.62	7.78	9.07	10.3	11.6	12.9	—	—	—	—	—	—	—	—	—
N_2O	—	1.19	1.43	1.68	2.01	2.28	2.62	3.06	—	—	—	—	—	—	—	—
CO_2	0.378	0.8	1.05	1.24	1.44	1.66	1.88	2.12	2.36	2.60	2.87	3.46	—	—	—	—
C_2H_2	0.73	0.85	0.97	1.09	1.23	1.35	1.48	—	—	—	—	—	—	—	—	—
Cl_2	0.272	0.334	0.399	0.461	0.537	0.604	0.669	0.74	0.80	0.86	0.90	0.97	0.99	0.97	0.96	—
H_2S	0.272	0.319	0.372	0.418	0.489	0.552	0.617	0.686	0.755	0.825	0.689	1.04	1.21	1.37	1.46	1.50
	$E\times10^{-4}$/kPa															
SO_2	0.167	0.203	0.245	0.294	0.355	0.413	0.485	0.567	0.661	0.763	0.871	1.11	1.39	1.70	2.01	—

2. 物料衡算与操作线方程

物料衡算：

$$V_B(Y_1 - Y_2) = L_S(X_1 - X_2) \tag{4.5}$$

式中：V_B 为惰性气体的摩尔流量，单位为 kmol/s；L_S 为吸收剂摩尔流量，单位为 kmol/s；Y_1，Y_2 分别为吸收塔的进塔和出塔的气相比摩尔分率；X_1，X_2 分别为吸收塔的出塔和进塔的液相比摩尔分率。

吸收率：

$$\eta = \frac{Y_1 - Y_2}{Y_1} \tag{4.6}$$

图 4.4 中操作线方程：

$$Y = \frac{L_S}{V_B}X + \left(Y_1 - \frac{L_S}{V_B}X_1\right) \tag{4.7}$$

图 4.5 中吸收液气比为

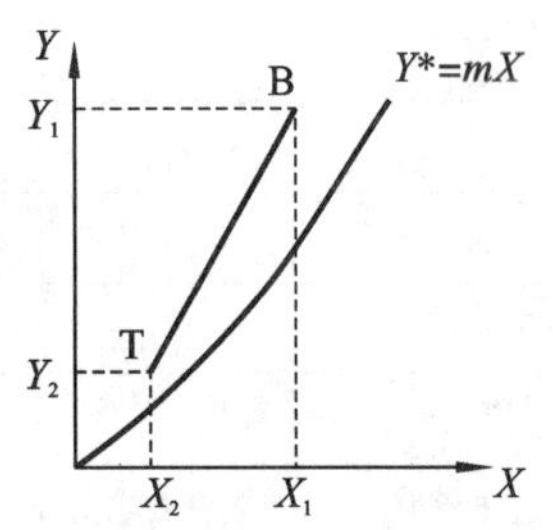

图 4.4　吸收过程的操作线

$$\frac{L_S}{V_B} = \frac{Y_1 - Y_2}{X_1 - X_2} \tag{4.8}$$

图 4.5(a)中最小液气比为

$$\left(\frac{L_S}{V_B}\right)_{\min} = \frac{Y_1 - Y_2}{X_1^* - X_2} \tag{4.9}$$

图 4.5(b)中最小液气比为

$$\left(\frac{L_S}{V_B}\right)_{\min} = \frac{Y_1 - Y_2}{X_1' - X_2} \tag{4.10}$$

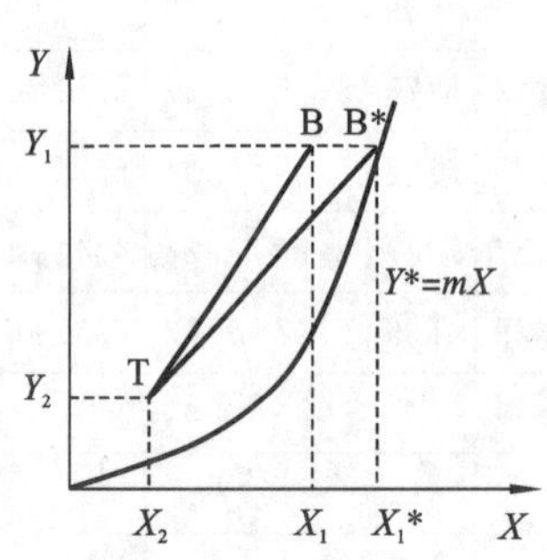

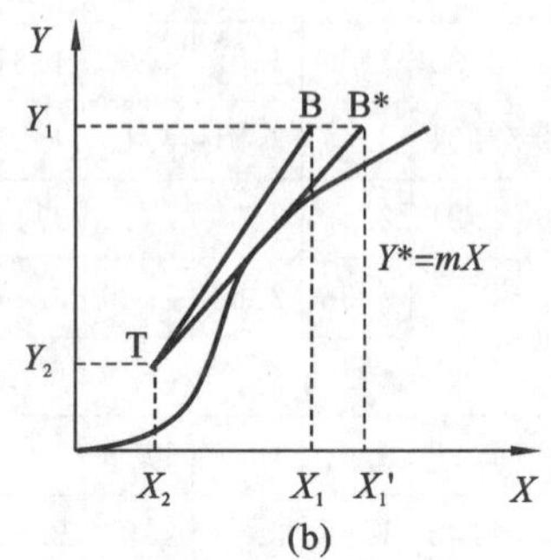

图 4.5　吸收塔的最小液气比

吸收剂用量的大小，从设备费用与操作费用两方面影响到生产过程的经济效果，应该权衡利弊，选择合适的液气比，使两种费用之和最小。一般先求出最小液气比，然后乘以 1.1～2.0 作为适宜的液气比，即

$$\frac{L_S}{V_B} = (1.1 \sim 2.0)\left(\frac{L_S}{V_B}\right)_{\min} \tag{4.11}$$

3. 塔径计算

吸收塔的塔径计算：

$$D = \sqrt{\frac{4V_S}{\pi u}} \tag{4.12}$$

式中：D 为塔径，单位为 m；V_S 为操作条件下混合气体的体积流量，单位为 m^3/s；u 为空塔气速，单位为 m/s。

泛点气速的确定是填料塔设计和操作的重要依据。首先找到气体极限速度，即液泛气速或泛点气速，再乘以安全系数获得操作时空塔气速后，就可以求得塔径。

1）贝恩-霍根关联式

计算泛点气速：

$$\lg\left(\frac{u_f^2 a_t \rho_V}{g\varepsilon^3 \rho_L}\mu_L^{0.2}\right) = A - 1.75\left(\frac{W_L}{W_V}\right)^{\frac{1}{4}}\left(\frac{\rho_V}{\rho_L}\right)^{\frac{1}{8}} \tag{4.13}$$

式中：u_f 为泛点气速，单位为 m/s；g 为重力加速度，单位为 m/s；a_t 为填料比表面积，单

位为 m^2/m^3，指单位体积填料中的填料表面积；ε 为空隙率，指干塔状态时单位体积填料所具有的空隙体积；$\frac{a_t}{\varepsilon^3}$ 为干填料因子，单位为 m^{-1}；ρ_V、ρ_L 分别为气、液相密度，单位为 kg/m^3；μ_L 为液相黏度，单位为 mPa·s；W_V、W_L 分别为气、液相流体的质量流量，单位为 kg/h；A 为与填料形状和材质有关的常数。

常用填料的 A 值如表 4.5 所示。

表 4.5　常数 A 的数据

填料种类	瓷拉西环	磁弧鞍环	鲍尔环		阶梯环		
			塑料	金属	陶瓷	塑料	金属
A	0.022	0.26	0.0942	0.100	0.0294	0.204	0.106

一般空塔气速 u 为泛点气速 u_f 的 50%～85%，即

$$u = (0.5 \sim 0.85) u_f$$

2）乱堆填料的新通用关联图

目前，工程上常采用埃克特（Eckert）提出的泛点关联图。近年来，Eckert 通用关联图被发现误差较大，原因是 Eckert 认为湿填料因子是一常数，而实际上，湿填料因子随液体喷淋密度的改变存在一定程度的变化，有学者对 Eckert 图进行修正，采用泛点填料因子 ϕ_F 和压降填料因子 $\phi_{\Delta p}$，根据大量试验数据得出新的通用关联图，如图 4.6 所示，其中常见填料的特性常数如表 4.6 所示。液体喷淋的填料上，部分空隙被液体所占据，空隙率有所减小，比表面积也会发生变化，因而提出了一个相关的湿填料因子 ϕ，简称填料因子，用来关联对填料层内两相流动的影响。填料因子需要由实验测定。

表 4.6　填料特性常数

类型	瓷质拉西环				瓷质矩鞍环				塑料阶梯环		
规格	Dg50	Dg38	Dg25	Dg16	Dg50	Dg38	Dg25	Dg16	Dg50	Dg38	Dg25
φ_F	410	600	832	1300	226	200	550	1100	127	170	260
$\varphi_{\Delta p}$	228	450	576	1050	160	140	215	700	89	116	176
类型	塑料鲍尔环				金属鲍尔环		金属阶梯环		金属矩鞍环		
规格	Dg50（*①）	Dg38	Dg25	Dg50（#②）	Dg50	Dg38	Dg50	Dg38	Dg50	Dg38	Dg25
φ_F	140	184	280	140	160	117**	140	160	135	150	170
$\varphi_{\Delta p}$	125	114	232	110	98	114	82	118	71	93.4	138

注：* 为米字形塑料鲍尔环；# 为井字形塑料鲍尔环。该值由实验归纳得到，实际选用时可适当放大。

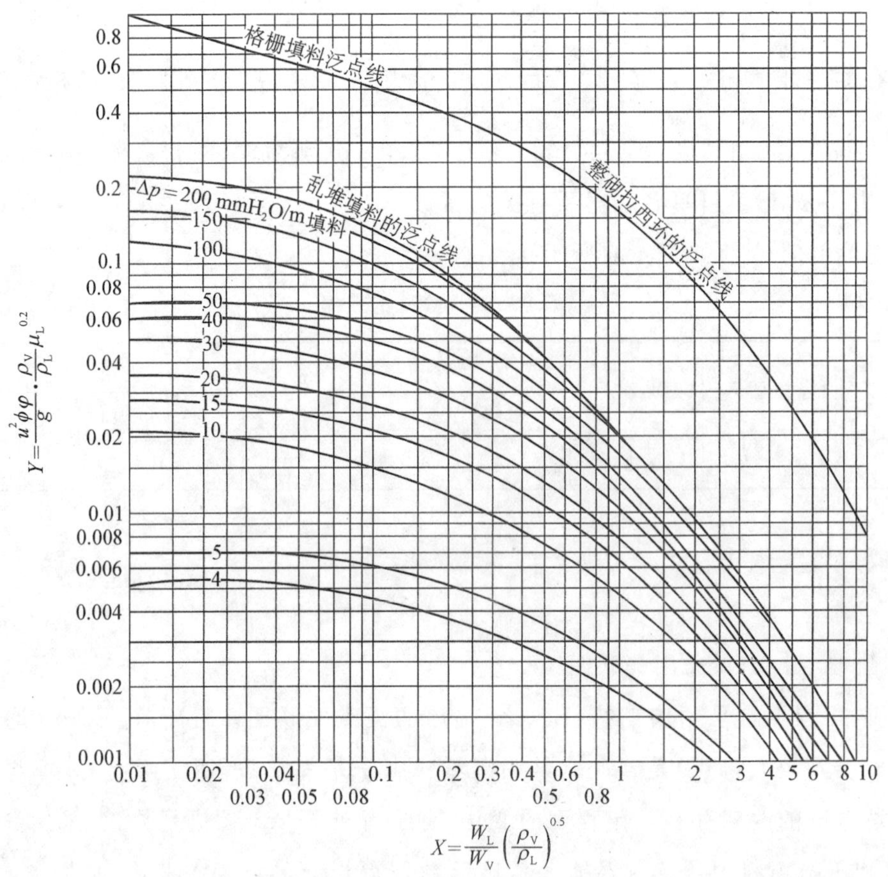

图 4.6　乱堆填料的新通用关联图

图 4.6 中横坐标为

$$X=\frac{W_L}{W_V}\left(\frac{\rho_V}{\rho_L}\right)^{0.5}$$

纵坐标为

$$Y=\frac{u^2\phi\varphi}{g}\cdot\frac{\rho_V}{\rho_L}\mu_L^{0.2}$$

式中：u 为空塔气速，单位为 m/s；W_V、W_L 分别为气、液相流体的质量流量，单位为 kg/h；ρ_V、ρ_L 分别为气、液相密度，单位为 kg/m^3；μ_L 为液相黏度，单位为 mPa・s；μ_W 为水的黏度，单位为 mPa・s；ϕ 为填料因子，单位为 m^{-1}，计算压降时用压降填料因子 $\phi_{\Delta p}$，计算泛点气速时用泛点填料因子 ϕ_F；φ 为液体密度校正系数即水的密度和液体的密度之比；g 为重力加速度，9.81 m/s^2。

图 4.6 适用于乱堆颗粒型填料如拉西环、鲍尔环、鞍形填料等，其上还绘制了整砌拉西环和格栅填料两种规整填料的泛点曲线。填料特性常数如表 4.6 所示。

圆整后的塔径 D 还需做进一步的校核，具体步骤如下。

（1）核算气速。在新的塔径下核算出空塔气速，其值必须符合 $u=(0.5\sim0.85)u_f$。

（2）核算喷淋密度。在吸收剂用量及塔径确定后，还要校核喷淋密度。填料塔的喷淋密度为单位时间内单位塔截面积上喷淋的液体体积（单位为 $m^3/(m^2\cdot s)$），为使填料能得到良好的润湿，应保证塔内液体的喷淋密度高于某一下限值。若喷淋密度过小，可增大回流比或采用液体再循环的方法加大液体流量，以保证填料的润湿性能；也可减小塔径，或适当增加填料层高度的办法予以补偿。在液泛前，即使液体的喷淋密度超过相应的最小喷淋密度，填料表面也不可能全部润湿。因此，单位体积填料层的润湿面积常小于填料的比表面积。填料塔的预液泛操作可使填料完全润湿。最小喷淋密度的计算式为

$$U_{min}=L_{W,min}a_t \tag{4.14}$$

式中：a_t 为填料的比表面积，单位为 m^2/m^3；U_{min} 为最小喷淋密度，单位为 $m^3/(m^2\cdot s)$；$L_{W,min}$ 为最小润湿率，单位为 $m^3/(m\cdot s)$。

润湿率是指在塔的横截面上，单位长度的填料周边上液体的体积流量。$L_{W,min}$ 的取值范围如下：对于直径不超过 75 mm 的拉西环及其他环形填料，最小润湿速率可取 0.38 $m^3/(m\cdot h)$；对于直径大于 75 mm 的环形填料，应取为 0.12 $m^3/(m\cdot h)$。填料表面润湿性能与填料的材质有关，对于陶瓷、金属、塑料三种材质，陶瓷填料的润湿性能最好，塑料填料的润湿性能最差。

实际操作喷淋密度应大于最小喷淋密度。若处理大量浓度很低或易溶气体时，可能产生吸收剂用量不足以使填料充分润湿的情况，影响吸收速率。此时，可采取以下措施。

①在工艺条件允许范围内，适当加大吸收剂用量。

②适当加高填料层以作补偿。

③在条许范围内调整塔径。

④采用液体部分再循环方式加大喷淋密度（但应注意推动力由此而降低的程度）。

（3）核算径比 D/d。为保证填料润湿均匀，还应保证塔径与填料直径之比在 10 以上。若此值过小，液体沿填料流下时常出现“壁流”现象。对于拉西环，要求 $D/d>20$；对于鲍尔环，要求 $D/d>15$。

4. 填料层高度的计算

填料吸收塔的高度主要取决于填料层的高度。填料层的高度为传质单元高度和传质单元数之积。

1）填料层高度的计算

填料层高度的计算如下：

$$Z = H_G N_G = H_L N_L = H_{OG} N_{OG} = H_{OL} N_{OL} \tag{4.15}$$

气相传质单元高度：

$$H_G = \frac{V_B}{k_Y a \Omega} \tag{4.16}$$

气相传质单元数：

$$N_G = \int_{Y_2}^{Y_1} \frac{dY}{Y - Y_i} \tag{4.17}$$

液相传质单元高度：

$$H_L = \frac{L_S}{k_X a \Omega} \tag{4.18}$$

液相传质单元数：

$$N_L = \int_{X_2}^{X_1} \frac{dX}{X_i - X} \tag{4.19}$$

气相总传质单元数：

$$N_{OG} = \int_{Y_2}^{Y_1} \frac{dY}{Y - Y^*} \tag{4.20}$$

气相总传质单元高度：

$$H_{OG} = \frac{V_B}{K_Y a \Omega} \tag{4.21}$$

液相总传质单元数：

$$N_{OL} = \int_{X_2}^{X_1} \frac{dX}{X - X^*} \tag{4.22}$$

液相总传质单元高度：

$$H_{OL} = \frac{L_S}{K_X a \Omega} \int_{X_2}^{X_1} \frac{dX}{X - X^*} \tag{4.23}$$

式中：$K_Y a$、$K_X a$ 为气、液相的体积吸收总系数，单位为 $kmol/(m^3 \cdot s)$；Ω 为填料塔截面积，单位为 m^2。

2）传质单元数的计算

(1) 平均推动力法。

平衡关系和操作线均为直线时，如图 4.7(a)所示，总传质单元数的计算式为

$$N_{OG} = \frac{Y_1 - Y_2}{\Delta Y_m} \tag{4.24}$$

$$\Delta Y_m = \frac{\Delta Y_1 - \Delta Y_2}{\ln \dfrac{\Delta Y_1}{\Delta Y_2}} = \frac{(Y_1 - Y_1^*) - (Y_2 - Y_2^*)}{\ln\left(\dfrac{Y_1 - Y_1^*}{Y_2 - Y_2^*}\right)} \tag{4.25}$$

$$N_{OL} = \frac{X_1 - X_2}{\Delta X_m} \tag{4.26}$$

$$\Delta X_m = \frac{\Delta X_1 - \Delta X_2}{\ln \frac{\Delta X_1}{\Delta X_2}} = \frac{(X_1^* - X_1) - (X_2^* - X_2)}{\ln\left(\frac{X_1^* - X_1}{X_2^* - X_2}\right)} \tag{4.27}$$

式中：ΔY_m 为气相对数平均浓度差；ΔX_m 为液相对数平均浓度差。

当 $\frac{\Delta Y_1}{\Delta Y_2} < 2, \frac{\Delta X_1}{\Delta X_2} < 2$ 时，ΔY_m，ΔX_m 可用算术平均浓度差计算。

平均推动力法多用于吸收过程的设计型计算。

(2) 图解积分法。

当相平衡关系为曲线时，即平衡线为曲线，则 N_{OG} 中被积函数难以表示为简单形式的函数直接获取解析解。此时，只能采用图解积分或数值积分的方法求解，即

$$N_{OG} = \int \frac{dY}{Y - Y^*}$$

N_{OG} 的被积函数 $f(Y) = \frac{1}{Y - Y^*}$，然后，由物料及相平衡关系，确定塔内各截面上 (X, Y) 相应 $\frac{1}{Y - Y^*}$ 的值。并由 $\frac{Y \sim 1}{Y - Y^*}$ 的数据画出积分曲线，如图 4.7(b) 所示。通过计算曲线下方面积确定传质单元数 N_{OG}。

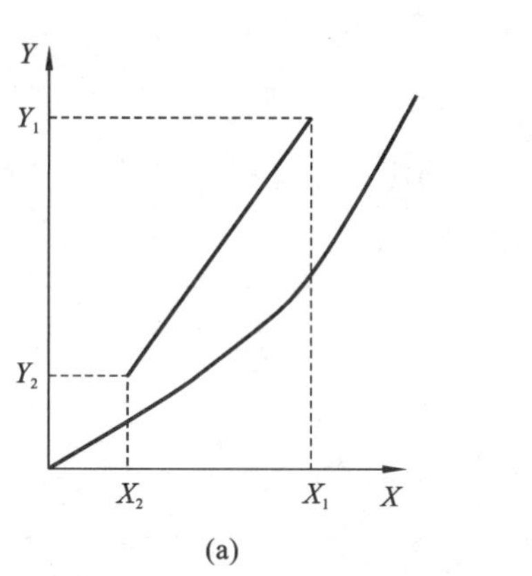

(a)

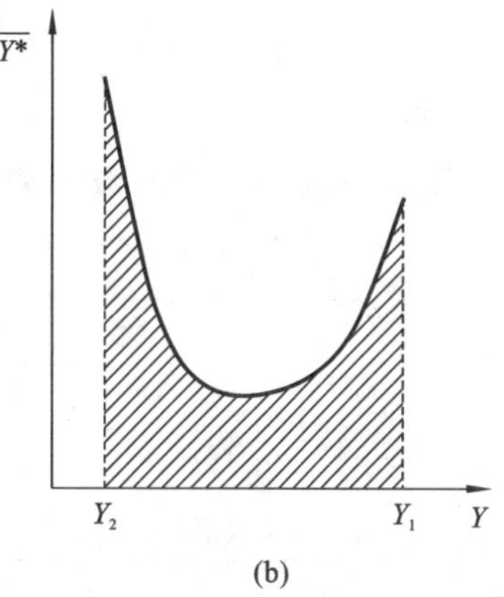

(b)

图 4.7 图解积分法求 N_{OG}

(3) 吸收因数法。

因所推导的传质单元数中有吸收因数 $\frac{L_S}{mV_B}$，当气液平衡关系服从亨利定律，即 $Y^* = mX$ 时，或在操作线的浓度范围内，气液的平衡关系为 $Y^* = mX + b$ 时，可用吸收因数法求出气相总传质单元数：

$$N_{OG} = \frac{1}{1 - \frac{mV_B}{L_S}} \ln\left[\left(1 - \frac{mV_B}{L_S}\right)\frac{Y_1 - Y_2^*}{Y_2 - Y_2^*} + \frac{mV_B}{L_S}\right] \tag{4.28}$$

同理，液相总传质单元数：

$$N_{OL}=\frac{1}{1-\frac{L_S}{mV_B}}\ln\left[\left(1-\frac{L_S}{mV_B}\right)\frac{X_2-X_1^*}{X_1-X_1^*}+\frac{L_S}{mV_B}\right] \tag{4.29}$$

3）气相总传质单元高度

传质单元高度的计算涉及传质系数的求解。传质系数不仅与流体的物性、气液体两相流量的填料性能有关，还与全塔液体分布、塔径、塔高有关，以下是常用的经验关联式。

（1）水吸收氨。

水吸收氨属于易溶气体的吸收，吸收阻力主要集中在气膜层，液膜阻力占一定比例（>10%），由下式计算。

气膜体积吸收系数：

$$k_G a = cU_V^m U_L^n \tag{4.30}$$

液膜体积吸收系数：

$$k_L a = bU_L^p \tag{4.31}$$

式中：$k_G a$ 为气膜体积吸收系数，单位为 kmol/(m^3 · h · atm)；$k_L a$ 为液膜体积吸收系数，单位为 h^{-1}；U_V 为气相空塔质量流速，单位为 kg/(m^2 · h)；U_L 为液相空塔质量流速，单位为 kg/(m^2 · h)。

式(4.30)和式(4.31)中各常数值如表 4.7 所示。

表 4.7 各类填料常数值

填料尺寸/mm	c	m	n	b	p
12.5	0.0615	0.9	0.39	0.11	0.65
25.0	0.0139	0.77	0.2	0.03	0.78
≥38.0	0.0367	0.72	0.38	0.27	0.78

（2）水吸收二氧化碳。

水吸收二氧化碳属于难溶气体吸收，吸收阻力主要集中在液膜层，液膜体积吸收系数：

$$k_L a = 2.57U^{0.96} \tag{4.32}$$

式中：U 为喷淋密度，即单位时间内喷淋在单位塔截面积上的液相体积，单位为 m^3/(m^2 · h)。

式(4.32)的适用范围如下：

①直径为 10～32 mm 的陶瓷环填料；

②喷淋密度 U=3～20 m^3/(m^2 · h)；

③气体的空塔质量速度为 130～580 kg/(m^2 · h)；

④温度为 21～27 ℃。

(3) 水吸收二氧化硫。

水吸收二氧化硫属于中等溶解度的吸收过程，气膜阻力和液膜阻力都要考虑，气膜体积吸收系数：

$$k_G a = 9.81 \times 10^{-4} U_V^{0.7} U_L^{0.25} \tag{4.33}$$

液膜体积吸收系数：

$$k_L a = bU_L^{0.82} \tag{4.34}$$

式中：$k_G a$ 为气膜体积吸收分系数，单位为 kmol/(m^3 · h · kPa)；$k_L a$ 为液膜体积吸收分系数，单位为 h^{-1}；b 为常数，各温度下 b 值如表 4.8 所示。

表 4.8　各温度下 b 值

温度/℃	10	15	20	25	30
b/(m^2/m^3)	0.0093	0.0102	0.0116	0.0128	0.0143

式(4.33)和式(4.34)的适用范围如下。

①气体的空塔质量速度为 320～4150 kg/(m^2 · h)，液体的空塔质量速度为 4400～58500 kg/(m^2 · h)。

②直径为 25 mm 的环形填料。

5. 填料层压降的核算

在逆流操作的填料塔中，从塔顶喷淋下来的液体，依靠重力在填料表面成膜状向下流动，上升气体与下降液膜的摩擦阻力形成了填料层的压降。填料塔的流体力学验算主要是核算流体通过填料层高度的压降是否满足要求。

反映填料层阻力的压降随填料的类型与尺寸不同而变化，通常需要对各种类型尺寸填料进行实验以得到压降曲线。根据两相流动参数、填料因子或压降填料因子 $\phi_{\Delta p}$，计算横纵坐标值查 Δp，当 Δp<10 mmH$_2$O/m 填料时，误差较大。

实验发现，乱堆填料液泛时，单位填料层高度的气体压降基本上为一定值，即 Eckert 图中乱堆填料的泛点线为一等压降线。图 4.6 中在乱堆填料泛点线以下的系列曲线均为乱堆填料的等压降线。使用这些等压降线时，纵坐标中的 u_f 须改为操作气速 u。现以乱堆填料为例，说明泛点与压降关联图的使用方法。其步骤如图 4.8 所示。

气体通过整砌填料层的压降计算，可参阅有关资料。填料层的总压降等于每米填料层压降乘以填料层的高度，则全塔总压降为填料层压降及气体通过各附属部件压降的总和。根据气体的处理量和塔的总压降，可以计算气体通过填料塔的总能耗，并作为选择适宜的动力设备的依据。

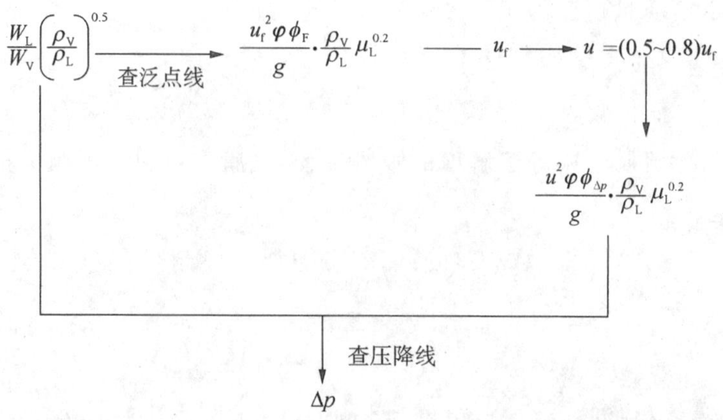

图 4.8 压降的计算步骤

6. 填料塔的内件

塔内件和填料及塔体共同构成了一个完整的填料塔。塔内件可以使塔内气体和液体更好的接触，发挥填料塔的最大生产能力和最大效率，塔内件设计的好坏将直接影响到整个填料塔的操作运行和填料性能的发挥。此外，填料塔的"放大效应"除了填料本身固有的因素之外，塔内件对它的影响也很大。

塔内件主要有液体分布装置、液体再分布装置、填料支承装置、填料压紧装置、气体进料及分布装置、除沫装置等。

1）液体分布装置

液体分布器的安装在填料上部，它将液体均匀地分布到填料的表面上，形成液体的初始分布。液体分布器的安装位置一般高于填料层表面 150～300 mm，以提供足够的空间让上升气体不受约束地穿过分布器。分布点用正方形和正三角形排列，分布点密度如表 4.9、表 4.10 所示。

表 4.9 Eckert 的散装填料塔分布点密度推荐值

塔径/mm	分布点密度/(点/m^2 塔截面)
D＝400	300
D＝750	170
D≥1200	42

表 4.10 规整填料塔分布点密度推荐值

填 料 类 型	分布点密度/(点/m^2 塔截面)
250Y 孔板波纹填料	≥100
500(BX)丝网波纹填料	≥200
700(CY)丝网波纹填料	≥300

液体分布装置的种类多样，有喷头式、盘式、管式、槽式及槽盘式等。

(1) 管式液体分布器包括图 4.9(a)所示的弯管式；图 4.9(b)所示的缺口式，适用于直径 300 mm 以下的填料塔，缺口开孔面积是管截面积的 0.5～1.0 倍；图 4.9(c)所示的多孔直管式；图 4.9(d)所示的多孔盘管式。所谓多孔，是在管下侧开 2～4 排，直径 3～6 mm 的小孔，小孔的总截面积与进液管截面积大致相等。多孔直管式液体分布器适用于直径 800 mm 以下的填料塔；多孔盘管式液体分布器适用于直径 1.2 m 以下的填料塔，盘管中心线的直径为塔径的 0.6～0.8 倍；多环多孔盘管式喷淋器适用于直径更大的填料塔。

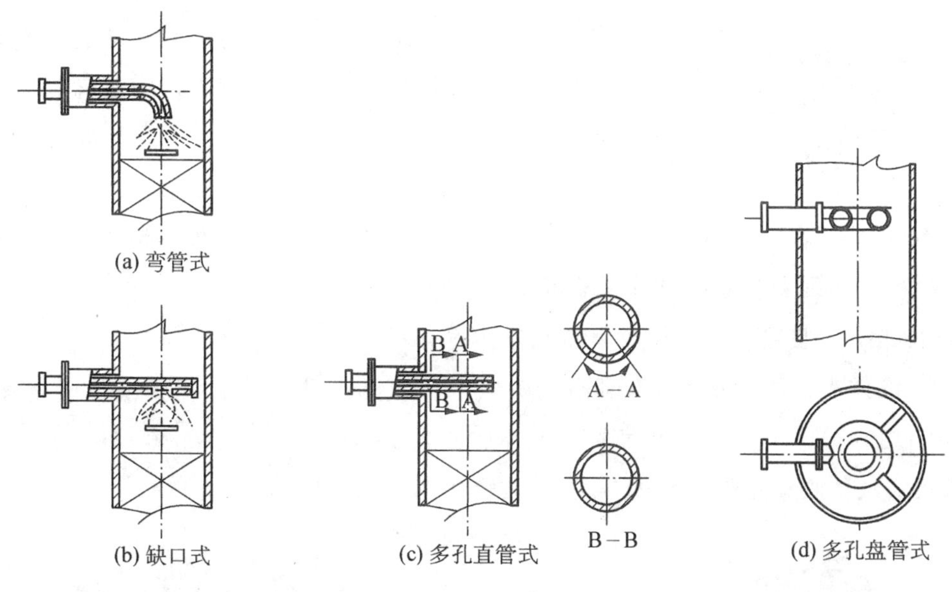

图 4.9 管式液体分布器

(2) 莲蓬式液体分布器如图 4.10 所示。其莲蓬头直径约为塔径的 1/4，莲蓬头高度为塔径的0.5～1.0倍，莲蓬头的小孔呈同心圆排列，小孔直径为 3～15 mm，是塔径的 20%～30%，球面半径为塔径的0.5～1.0 倍，喷洒角度 $a \leqslant 80°$，喷洒外圈离塔壁为 70～100 mm。它适用于直径 600 mm 以下的填料塔，料液不含沉淀和悬浮颗粒。

(3) 盘式液体分布器。其液体加在分布盘上，由筛孔或溢流管流下，如图 4.11 所示。该分布盘直径约为塔径的 0.6～0.8 倍，适用于直径1.2 m 以下的填料塔。

(4) 齿槽式分布器如图 4.12 所示。其液体由上层的主齿槽向下层的分齿槽作预分布，然后再向填料层喷洒。齿槽式分布器自由截面积很大，不易堵塞，对气体阻力小，适用于大直径的填料塔设备，但要求较高的安装水平。

2) 液体再分布装置

液体沿填料层向下流动时，有偏向塔壁流动的现象，这种现象称为壁流。壁流会导

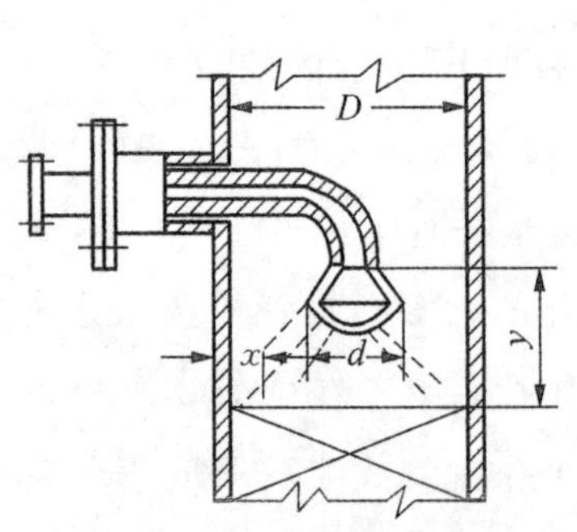

图 4.10 莲蓬式液体分布器

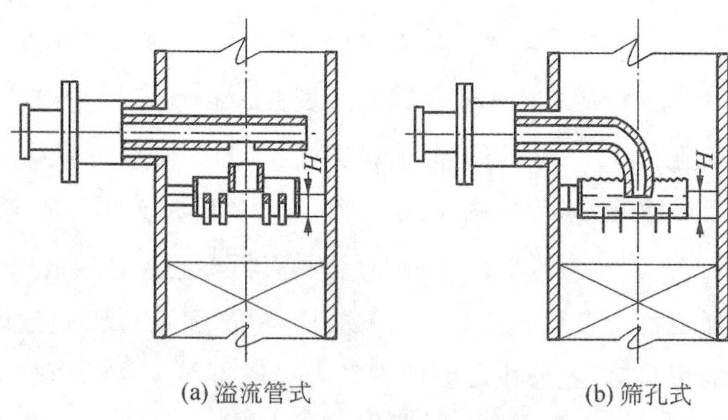

(a) 溢流管式

(b) 筛孔式

图 4.11 盘式液体分布器

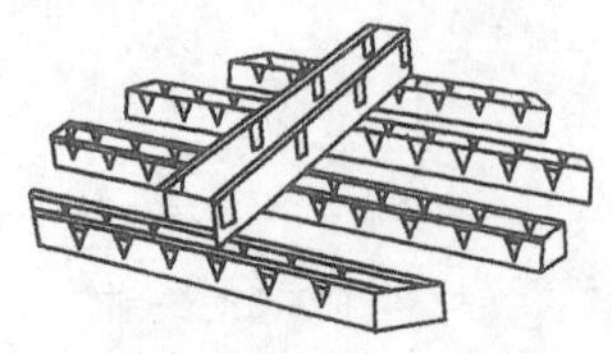

图 4.12 齿槽式液体分布器

致填料层内气液分布不均，使传质效率下降。为减小壁流现象，可间隔一定高度在填料层内设置液体再分布装置。拉西环范围为 1.5～4.5 m，鲍尔环、鞍环及其他新型填料范围为 3～7.5 m，金属填料 Z 不宜超过 6 m，塑料填料不宜超过 3 m。若规整填料 Z 的范围大于乱堆填料的，则安装液体再分布器可避免壁流现象。

液体再分布装置包括液体收集器和液体再分布器。

(1) 液体收集器。液体收集器分为升气管式液体收集器和遮板式液体收集器，分别如图 4.13(a)、(b)所示。升气管式液体收集器类似盘式液体分布器，且没有分布结构；遮板式液体收集器收集液体并采出，其气阻小，是常见的液体收集器。

(a) 升气管式液体收集器

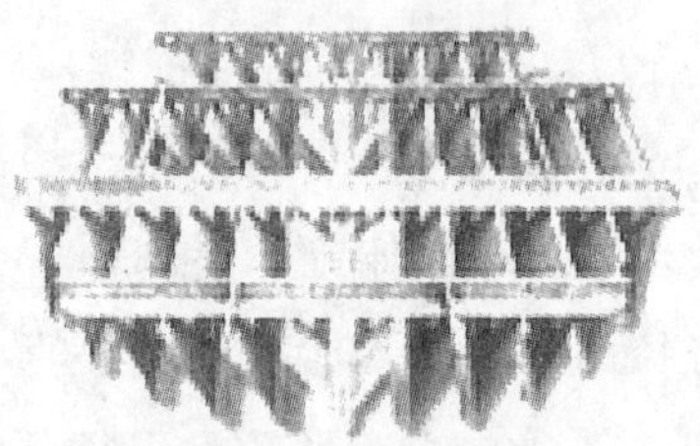

(b) 遮板式液体收集器

图 4.13 液体收集器

(2) 液体再分布器。液体再分布器分为截锥式液体再分布器(见图 4.14(a))和槽形液体再分布器(见图 4.14(b))。截锥式液体再分布器是将截锥筒焊在塔壁上，由于截锥不占空间，故其上下仍充满填料，且结构简单。但它只起到将壁流向中心汇集的作用，没有液体再分布的功能，一般用于直径小于 800 mm 的塔中。槽形液体再分布器在截锥筒上方加支撑板，截锥下隔一段距离放填料，可分段卸出填料，适用于直径小于 1000 mm 的塔。

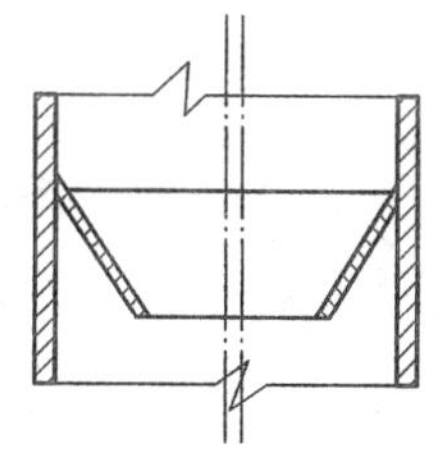

(a) 截锥式液体再分布器

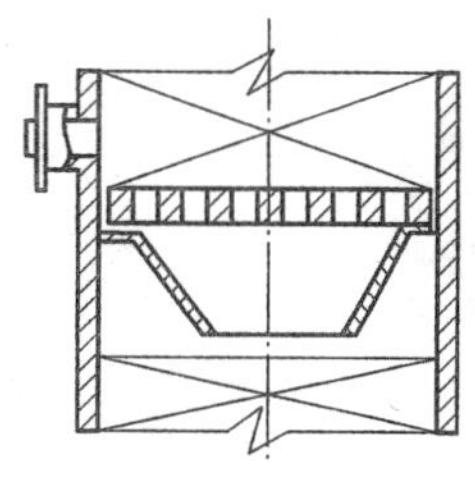
(b) 槽形液体再分布器

图 4.14 液体再分布装置

3）填料支承装置

填料支承装置是支承填料层的重量及填料上的持液量，保证气液两相能自由通过。填料支承装置要求具备足够的强度和耐腐蚀能力，其自由截面积不低于塔底面积的50%，并且要大于填料层的自由截面积。常用的填料支承装置有栅板型、孔管型、驼峰型等。气体喷射式支承板有钟罩型（见图 4.15(a)）和梁型（见图 4.15(b)）两种结构，其中梁型气体通道大，能 100%自由截面。图 4.16 所示的栅板式支承板由竖立的扁钢条焊接而成，扁钢条的间距为填料外径的 0.6～0.7 倍。

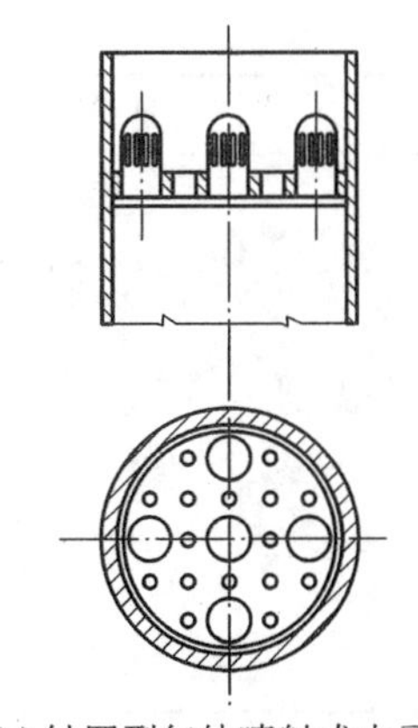
(a) 钟罩型气体喷射式支承板

(b) 梁型气体喷射式支承板

图 4.15 气体喷射式支承板

4）填料压紧装置

填料上方安装的压紧装置（见图 4.17）可防止在气流的作用下填料床层发生松动和跳动。填料压紧装置分为填料压板和床层限制板两大类。填料压板由扁钢条和丝网制成，靠自身重量自由放在填料上，压紧填料，适用于陶瓷、石墨等易破碎的散装填料。床层限制板固定在塔壁上，由金属丝网和支架制成。

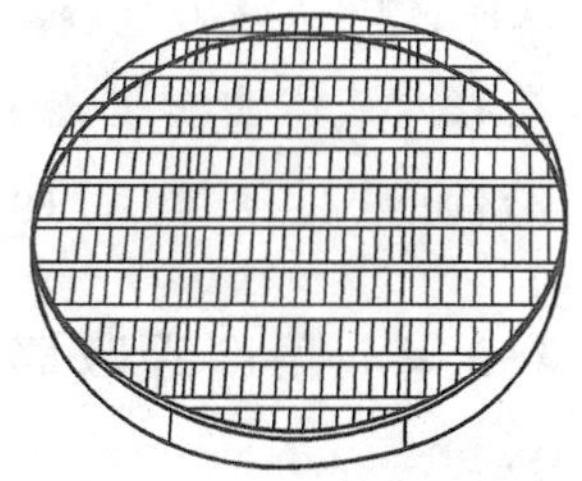
图 4.16 栅板式支承装置

5）气体和液体进出口接管

常压塔内气体进出口流速为 10～20 m/s，液体进出口流速为 0.5～1.5 m/s。计算

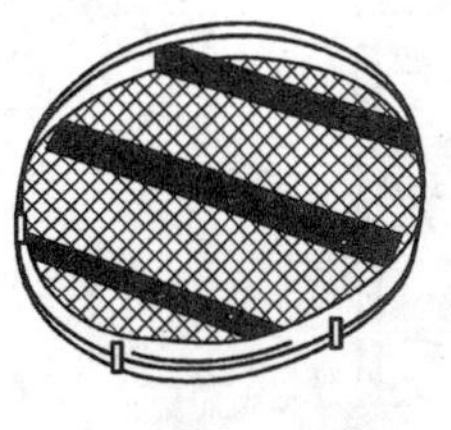
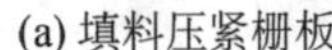

(a) 填料压紧栅板

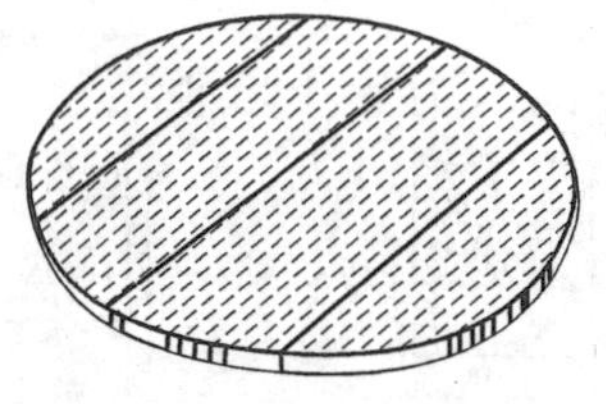

(b) 填料压紧网板

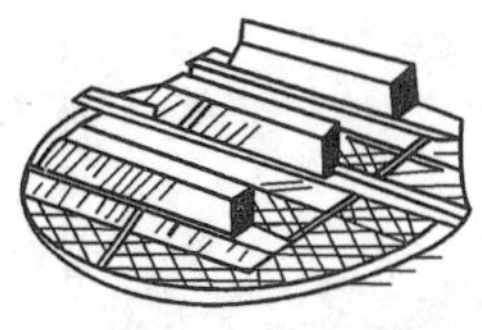

(c) 905型金属压板

图 4.17　填料压紧装置

气体和液体进出口管径尺寸后按标准管规格进行圆整，再按实际管径重新核算流速。

直径 500 mm 以下的小塔，进气管伸到塔的中心线位置，管端切成 45°向下斜口或直接向下的长方形切口。直径 1.5 m 以下的塔，管端做成向下的喇叭形扩大口。更大的塔需要考虑盘管式的结构。气体出口保证气体通畅，并除去夹带在气流中的雾滴，可加除沫器。

液体进口直接接喷淋装置，接管尺寸如表 4.11 所示。液体出口要便于塔内液体的排放，防止破碎瓷环堵塞出口，并且在塔内要有一定的液封高度，防止气体短路。

表 4.11　接管尺寸

内管/(mm×mm)	外管/(mm×mm)	内管/(mm×mm)	外管/(mm×mm)
25×3	45×3.5	108×4	133×4
32×3.5	57×3.5	133×4	159×4.5
38×3.5	57×3.5	159×4.5	219×6
45×3.5	76×4	219×6	273×8
57×3.5	76×4	245×7	273×8
76×4	108×4	273×8	325×8
89×4	108×4		

6）除沫器

气体从塔顶流出时，总会带少量液滴出塔。为使气体夹带的液滴能重新返回塔内，一般在塔内液体喷淋装置上方装置除沫器。常用的除沫器有折板除沫器和丝网除沫器，分别如图 4.18、图 4.19 所示。

4.3.4　填料吸收塔的设计

试设计一座填料吸收塔，用于脱除混于空气中的氨气。其中，混合气（空气、氨蒸汽）的处理量为 3500 m^3/h，进塔混合气体含氨 5%（体积分数）；要求塔顶排放气体中含氨量低于 0.02%；采用清水进行吸收，吸收剂的用量为最小用量的 1.5 倍；操作压力为常压，操作温度为 20 ℃。

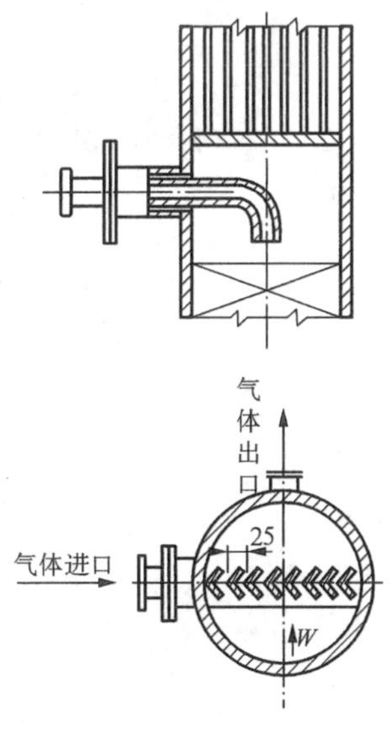

图 4.18 折板除沫器

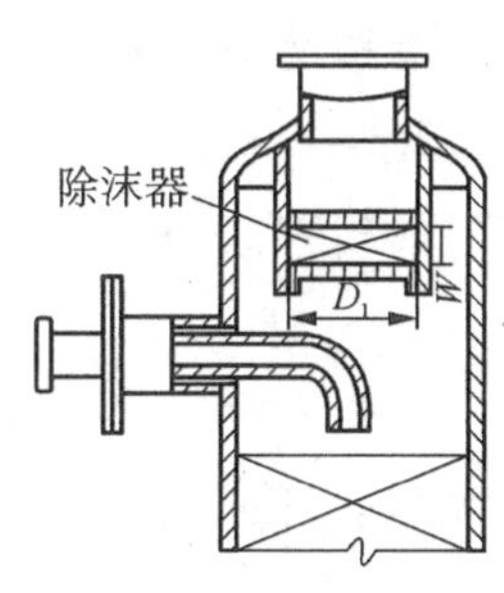

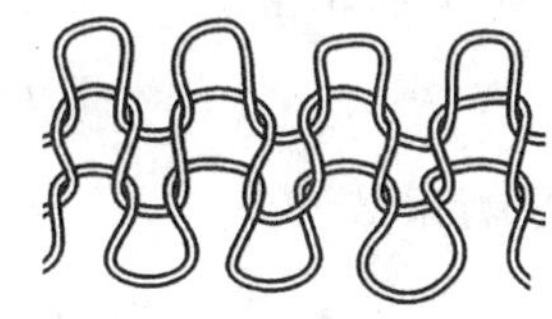

图 4.19 丝网除沫器

1. 吸收工艺流程的确定

采用常规逆流操作流程：气相自塔底进入由塔顶排出，液相自塔顶进入由塔底排出。逆流操作的特点是传质平均推动力大，传质速率快，分离效率高，吸收剂利用率高。工业生产中多采用逆流操作。

2. 填料的选择

对于水吸收氨气的过程，由于操作温度及操作压力较低，工业上通常选用塑料散装填料。在塑料散装填料中，由于塑料阶梯环的综合性能较好，故选用 50 mm×25 mm×1.5 mm 聚丙烯阶梯环填料。

3. 基础性数据

1）气相物性数据

对于低浓度吸收过程，溶液的物性数据可近似取纯水的物性数据。由手册查得，20 ℃水的有关物性数据如下：

密度为

$$\rho_L = 998.2 \ \mathrm{kg/m^3}$$

黏度为

$$\mu_L = 0.001 \ \mathrm{Pa \cdot s}$$

表面张力为

$$\sigma_L = 0.0726 \ \mathrm{N/m}$$

NH_3 在水中的扩散系数为

$$D_V = 2.04 \times 10^{-5} \ \mathrm{cm^2/s} = 2.04 \times 10^{-9} \ \mathrm{m^2/s}$$

2）气相物性数据

混合气体的平均摩尔质量为

$$M_{\mathrm{Vm}} = 0.05 \times 17.03 + 0.95 \times 29 = 28.40\ (\mathrm{kg/kmol})$$

混合气体的平均密度为

$$\rho_{\mathrm{Vm}} = \frac{M_{\mathrm{Vm}} p}{RT} = \frac{28.40 \times 1.013 \times 10^5}{8.314 \times 10^3 \times 293.15} = 1.181(\mathrm{kg/m^3})$$

混合气体的黏度可近似取为空气的黏度，20 ℃空气的黏度为

$$\mu_{\mathrm{V}} = 1.81 \times 10^{-5}\ \mathrm{Pa \cdot s}$$

氨气在空气中的扩散系数为

$$D_{\mathrm{V}} = 0.225\ \mathrm{cm^2/s}$$

4. 气液平衡系数

对低浓度吸收过程，可近似看作是等温吸收。

在温度为 20 ℃时，NH_3 在水中的溶解度系数为

$$H = 0.725\ \mathrm{kmol/(m^3 \cdot kPa)}$$

常压下 20 ℃时，NH_3 在水中的亨利系数为

$$E = \frac{\rho}{HM} = \frac{998.2}{0.725 \times 18.02} = 76.41\ (\mathrm{kPa})$$

相平衡常数为

$$m = \frac{E}{p} = \frac{76.41}{101.3} = 0.7543$$

气液平衡方程为

$$Y_{\mathrm{A}}^{*} = 0.7543 X_{\mathrm{A}}$$

5. 物料计算

1）混合气体进出塔的摩尔比组成

进塔气相摩尔比为

$$Y_1 = \frac{0.05}{1 - 0.05} = 0.0526$$

出塔气相摩尔比为

$$Y_2 = \frac{0.0002}{1 - 0.0002} = 0.0002$$

2）进塔惰性气相流量

进塔惰性气相流量为

$$V_{\mathrm{B}} = 3500 \times \left(\frac{273.15}{273.15 + 20}\right) \times \frac{1}{22.4} \times (1 - 0.05) = 138.31\ (\mathrm{kmol/h})$$

3）吸收剂的用量

该吸收过程属于低浓度吸收，平衡关系近似为直线，最小液气比可按下式计算，即

$$\left(\frac{L_S}{V_B}\right)_{\min} = \frac{Y_1 - Y_2}{\frac{Y_1}{m} - X_2}$$

对纯溶剂吸收过程，进塔液相组成为 $X_2 = 0$，则有

$$\left(\frac{L_S}{V_B}\right)_{\min} = \frac{0.0526 - 0.0002}{0.0526/0.7543} = 0.7514$$

取操作液相比为

$$\frac{L_S}{V_B} = 1.5\left(\frac{L_S}{V_B}\right)_{\min} = 1.5 \times 0.7514 = 1.127$$

吸收剂的用量为

$$L_S = 1.127 \times 138.31 = 155.88\ (\text{kmol/h})$$

4）塔底吸收液浓度

塔底吸收液浓度为

$$X_1 = X_2 + \frac{V_B}{L_S}(Y_1 - Y_2) = 0 + \frac{1}{1.127} \times (0.0526 - 0.0002) = 0.0465$$

5）吸收操作线

吸收操作线为

$$Y = \frac{L_S}{V_B}X + \left(Y_2 - \frac{L_S}{V_B}X_2\right) = 1.127X + 0.0002$$

6. 工艺计算

1）塔径的计算

气相质量流量为

$$W_V = 3500 \times 1.181 = 4133.5\ (\text{kg/h})$$

液相质量可近似按纯水的流量计算，即

$$W_L = 155.88 \times 18.02 = 2808.96\ (\text{kg/h})$$

对低浓度吸收过程，溶液的物性数据可近似取纯水的物性数据。20 ℃水的有关物性数据如下：

密度为

$$\rho_L = 998.2\ \text{kg/m}^3$$

黏度为

$$\mu_L = 0.001\ \text{Pa}\cdot\text{s} = 1\ \text{mPa}\cdot\text{s}$$

表 4.12 所示的是塑料阶梯环填料 50 mm×25 mm×1.5 mm 的特性数据。

表 4.12　阶梯环填料的特性数据

材质	外径/mm×高/mm×厚/mm	比表面积(a_t)/(m^2/m^3)	空隙率(ε)	堆积个数/(个/m^2)	堆积密度/(kg/m^3)	干填料因子/m^{-1}	填料因子/m^{-1}
塑料	25×17.5×1.4	228	0.90	81500	97.8	312.8	240
	38×19×1.0	132.5	0.91	27200	57.5	175.6	130
	50×25×1.5	114.2	0.927	10700	54.8	143	—
	50×30×1.5	121.8	0.915	9980	78.6	159	80
	76×37×3	90	0.929	3420	68.4	112	72

由表 4.12,可得

$$\frac{a_t}{\varepsilon^3}=143$$

由表 4.13,可得

$$A=0.204$$

表 4.13　常数 A 的数据

填料种类	瓷拉西环	磁弧鞍环	鲍尔环		阶梯环		
			塑料	金属	陶瓷	塑料	金属
A	0.022	0.26	0.0942	0.100	0.0294	0.204	0.106

用贝恩-霍根关联式计算泛点气速:

$$\lg\left(\frac{u_f^2 a_t \rho_V}{g\varepsilon^3 \rho_L}\cdot \mu_L^{0.2}\right)=A-1.75\left(\frac{W_L}{W_V}\right)^{\frac{1}{4}}\left(\frac{\rho_V}{\rho_L}\right)^{\frac{1}{8}}$$

计算得

$$u_f=4.375\ (\mathrm{m/s})$$

由于 $u=(0.5\sim0.85)u_f$,取

$$u=0.8u_f=0.8\times4.375=3.5\ (\mathrm{m/s})$$

由

$$D=\sqrt{\frac{4V_S}{\pi u}}=\sqrt{\frac{4\times3500}{3.14\times3.5\times3600}}=0.595\ (\mathrm{m})$$

故圆整塔径取 $D=0.6$ m。

泛点率校核:

$$u=\frac{V_S}{\frac{\pi}{4}D^2}=\frac{3500}{3600\times0.785\times0.6^2}=3.44\ (\mathrm{m/s})$$

$$\frac{u}{u_f}=\frac{3.44}{4.375}\times100\%=78.63\%(在允许范围内,50\%\sim85\%)$$

填料规格校核：

$$\frac{D}{d}=\frac{600}{50}=12>8$$

满足阶梯环的径比要求。

液体喷淋密度校核如下。

取最小润湿速度为

$$L_{\mathrm{W,min}}=0.08\ \mathrm{m^3/(m\cdot h)}$$

查表 4.12 特性参数表，得

$$a_t=114.2\ \mathrm{m^2/m^3}$$

$$U_{\min}=L_{\mathrm{W,min}}a_t=114.2\times 0.08=9.136\ (\mathrm{m^3/(m^2\cdot h)})$$

而 $$U=\frac{2808.96}{998.2\times 0.785\times 0.6^2}=9.96\ (\mathrm{m^3/(m^2\cdot h)})>U_{\min}$$

故经以上校核可知，填料塔直径选用 $D=600$ mm 是合理的。

2）填料层高度计算

填料层高度计算：

$$Y_1^*=mX_1=0.7543\times 0.04649=0.03507$$

$$Y_2^*=mX_2=0$$

脱吸因数为

$$S=\frac{mV_{\mathrm{B}}}{L_{\mathrm{S}}}=\frac{0.7543\times 138.31}{155.88}=0.669$$

气相总传质单元数为

$$N_{\mathrm{OG}}=\frac{1}{1-S}\ln\left[(1-S)\frac{Y_1-Y_2^*}{Y_2-Y_2^*}+S\right]$$

$$=\frac{1}{1-0.669}\ln\left[(1-0.669)\times\frac{0.0526-0}{0.0002-0}+0.669\right]=13.517$$

气相总传质单元高度采用修正的恩田关联式计算。

气膜吸收系数由下式计算：

$$k_{\mathrm{G}}a=cU_{\mathrm{V}}^{m}U_{\mathrm{L}}^{n}$$

气体通过空塔截面的质量流速为

$$U_{\mathrm{V}}=\frac{4133.5}{0.785\times 0.6^2}=14626.68\ (\mathrm{kg/(m^2\cdot h)})$$

$$a_t=114.2\ \mathrm{m^2/m^3}$$

液体通过空塔截面的质量流速为

$$U_{\mathrm{L}}=\frac{2808.96}{0.785\times 0.6^2}=9939.7\ (\mathrm{kg/(m^2\cdot h)})$$

50 mm×25 mm×1.5 mm 塑料阶梯环填料，由表 4.14 得

$$c = 0.0367, \quad m = 0.72, \quad n = 0.38$$

$$k_{G}a = 0.0367 \times 14626.68^{0.72} \times 9939.7^{0.38}$$
$$= 1209.41(\mathrm{kmol/(m^3 \cdot h \cdot atm)}) = 3.316 \times 10^{-3}(\mathrm{kmol/(m^3 \cdot s \cdot kPa)})$$

表 4.14　各类填料常数值

填料尺寸/mm	c	m	n	b	p
12.5	0.0615	0.9	0.39	0.11	0.65
25.0	0.0139	0.77	0.2	0.03	0.78
≥38.0	0.0367	0.72	0.38	0.27	0.78

液膜吸收系数由下式计算：

$$k_{L}a = bU_{L}^{p}$$

由表 4.14 得

$$b = 0.27, \quad p = 0.78$$

$$k_{L}a = 0.27 \times 9939.7^{0.78} = 354.25\ (\mathrm{h^{-1}}) = 0.0984\ (\mathrm{s^{-1}})$$

$$\frac{1}{K_{G}a} = \frac{1}{k_{G}a} + \frac{1}{Hk_{L}a} = \frac{1}{3.316 \times 10^{-3}} + \frac{1}{0.725 \times 0.0984}$$

$$K_{G}a = 0.0032\ \mathrm{kmol/(m^3 \cdot s \cdot kPa)}$$

$$K_{Y}a = K_{G}ap = 0.0032 \times 101.325 = 0.324\ (\mathrm{kmol/(m^3 \cdot s)})$$

$$H_{OG} = \frac{V_{B}}{K_{Y}a\Omega} = \frac{138.31/3600}{0.324 \times 0.785 \times 0.6^{2}} = 0.42\ (\mathrm{m})$$

$$Z = H_{OG}N_{OG} = 0.42 \times 13.517 = 5.68\ (\mathrm{m})$$

取 25%富余量，则完成设计任务需填料层高度为

$$Z = 1.25 \times 5.68 = 7.1\ (\mathrm{m})$$

3）接管

确定气体连接管：取连接管内流体的流速为 u=15 m/s（气体进出口取 10 m/s～20 m/s），则气体连接管内径为

$$d = \sqrt{\frac{4V_{S}}{\pi u}} = \sqrt{\frac{4 \times 3500}{3.14 \times 15 \times 3600}} = 0.287\ (\mathrm{m})$$

查附录，标准管径为 Φ273 mm×8 mm。

确定水连接管：取连接管内流体的流速 u=1.0 m/s（液体进出口取 0.5 m/s～1.5 m/s），则管程连接管内径为

$$d = \sqrt{\frac{4V}{\pi u}} = \sqrt{\frac{4W_{L}}{\rho \pi u}} = \sqrt{\frac{4 \times 2808.96}{998.2 \times 3.14 \times 1.0 \times 3600}} = 0.0316\ (\mathrm{m})$$

查附录，标准管径为 $\Phi 38$ mm×3.5 mm。

7. 填料层压降计算

采用 Eckert 通用关联图计算填料层压降。其横坐标为

$$\frac{W_L}{W_V}\left(\frac{\rho_V}{\rho_L}\right)^{0.5} = \frac{2808.96}{4133.5}\times\left(\frac{1.181}{998.2}\right)^{0.5} = 0.0234$$

查表 4.6，得

$$\phi_{\Delta p} = 89\ \text{m}^{-1}$$

纵坐标为

$$\frac{u^2\varphi\phi_{\Delta p}}{g}\frac{\rho_V}{\rho_L}\mu_L^{0.2} = \frac{3.44^2\times 1\times 89}{9.81}\times\frac{1.181}{998.2}\times 1^{0.2} = 0.127$$

查图 4.6 得

$$\Delta p \approx 98\times 9.81 = 961.38\ (\text{Pa/m，填料})$$

全塔填料层压降为

$$\Delta p = 961.38\times 7.1 = 6825.8\ (\text{Pa})$$

8. 液体分布器简要设计

1）液体分布器的选型

该吸收塔的塔径为 600 mm，而多孔直管式喷淋器的适用范围为 600 mm≤D≤800 mm，并且其液体负荷为中等以下，所以选择多孔直管式喷淋器。

2）分布点密度计算

按 Eckert 建议值（见表 4.15），当 D=600 mm 时，分布点密度为 246 点/m^2。所以，当塔径为 600 mm 时，根据需要取喷淋点密度为 246 点/m^2。

表 4.15　Eckert 的散装填料塔分布点密度推荐值

塔径/mm	分布点密度/（点/m^2 塔截面）
D=400	300
D=750	170
D≥1200	42

布液点数：

$$n = 0.785\times 0.6^2\times 246 = 69.5\approx 70\ (\text{点})$$

3）布液计算

重力型液体分布器布液能力的计算：

由

$$L = \frac{\pi}{4}d_0^2 n\phi\sqrt{2g\Delta H}$$

取孔流系数 ϕ=0.6（一般取 0.55～0.6），开孔上方的液位高度 ΔH=160 mm，则有

$$d_0=\left(\frac{4L}{\pi n\phi\sqrt{2g\Delta H}}\right)^{\frac{1}{2}}=\left(\frac{4\times 2808.96}{998.2\times 3600\times 3.14\times 70\times 0.6\times\sqrt{2\times 9.81\times 0.16}}\right)^{\frac{1}{2}}$$

$$=0.0037\ (\mathrm{m})$$

故设计取 $d_0=3.7$ mm。

9. 辅助设备的计算及选型

1）填料支承结构

填料支承结构应满足三个基本条件：①使气液能顺利通过，设计时应取尽可能大的自由截面；②要有足够的强度，承受填料的重量，并考虑填料孔隙中的持液重量；③要有一定的耐腐蚀性能。

本设计根据需要，选择栅板式支承装置。

2）填料压紧装置

为防止在上升气流的作用下填料床层发生松动或者跳动，需在填料层上方设置填料压紧装置。

对于散装填料本设计选用填料压紧栅板。

10. 其他

吸收塔主要尺寸和计算结果如表 4.16 所示。

表 4.16　吸收塔主要尺寸和计算结果

序　号	项　　目	数　　据
1	填料	50 mm×25 mm×1.5 mm 聚丙烯阶梯环
2	进塔气相摩尔比 Y_1	0.0526
3	出塔气相摩尔比 Y_2	0.0002
4	进塔惰性气相流量 V_B/(kmol/h)	138.31
5	操作液气比 L_S/V_B	1.127
6	吸收剂的用量 L_S/(kmol/h)	155.88
7	进塔液相摩尔比 X_2	0
8	出塔液相摩尔比 X_1	0.0465
9	气相质量流量 W_V/(kg/h)	4133.5
10	液相质量流量 W_L/(kg/h)	2808.96
11	塔径 D/mm	600
12	气相总传质单元数 N_{OG}	13.517
13	气膜传质系数 k_Ga/(kmol/(m^3·s·kPa))	3.316×10^{-3}
14	液膜传质系数 k_La/s^{-1}	0.0984
15	气相总传质系数 K_Ga/(kmol/(m^3·s·kPa))	0.0032
16	气相总传质系数 K_Ya/(kmol/(m^3·s))	0.324

续表

序号	项目	数据
17	气相总传质单元高度 H_{OG}	0.42
18	填料层高度 Z/m	7.1
19	全塔填料层压降/Pa	6825.8
20	布液点数 n	70
21	布液直径 d_0/mm	3.7
22	液体分布器类型	多孔直管式喷淋器
23	液体再分布器	槽形液体再分布器
24	填料支承装置	栅板式支承装置
25	填料压紧装置	填料压紧栅板

接管表如表 4.17 所示。

表 4.17 接管表

符号	尺寸	用途
a	Φ38 mm×3.5 mm	气体进口
b	Φ38 mm×3.5 mm	气体出口
c	Φ273 mm×8 mm	水进口
d	Φ273 mm×8 mm	水出口
e	Φ245 mm×7 mm	卸料口
f	Φ245 mm×7 mm	卸料口

吸收塔例题附图：

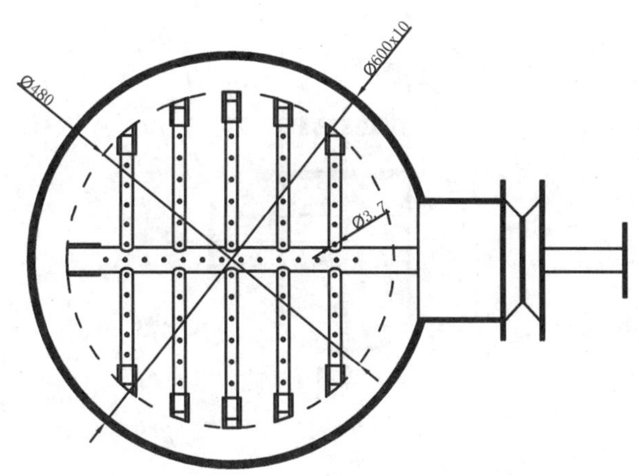

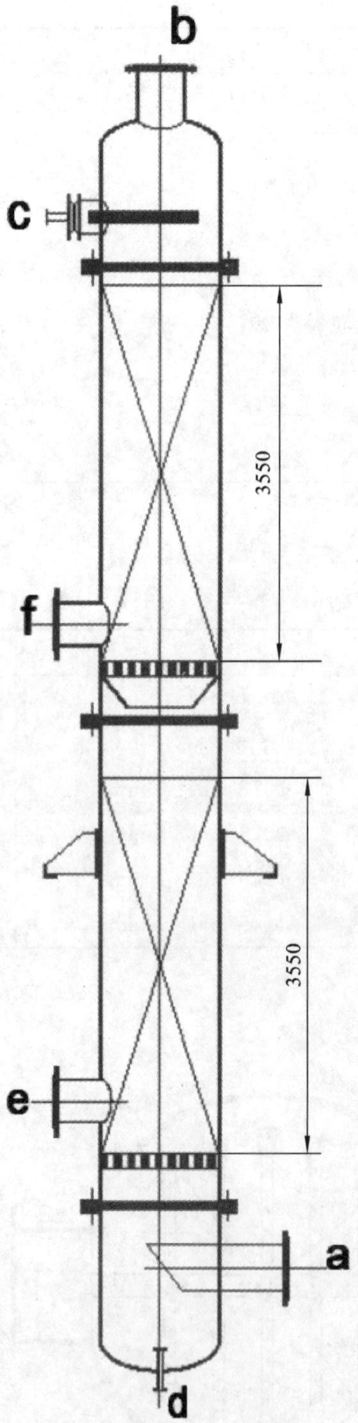
b
c
3550
f
3550
e
a
d

附　　录

一、化工常用法定计量单位及常用单位的换算

1. 基本单位

量的名称	单位名称	单位符号
长度	米	m
质量	千克(公斤)	kg
时间	秒	s
热力学温度	开(尔文)	K
物质的量	摩(尔)	mol

2. 常用的十进倍数单位及分数单位的词头

词头符号	词头名称	所表示的因数
M	兆	10^{6}
k	千	10^{3}
d	分	10^{-1}
c	厘	10^{-2}
m	毫	10^{-3}
μ	微	10^{-6}

3. 长度单位换算

米(m)	市　尺	英尺(ft)	英寸(in)	日　尺
1	3	3.2808	39.3701	3.3000
0.3333	1	1.0936	13.1234	1.1000
0.3048	0.9144	1	12	1.0058
0.0254	0.0762	0.0833	1	0.08381
0.3030	0.9091	0.9939	11.9268	1

注:(1) 英制:1 mile=1760 yd,1 yd=3 ft,1 ft=12 in,1 mile=1.609344 km。

(2) 日制:1 日里=36 日町,1 日町=360 日尺,1 日尺=100 日分。

(3) 1 A=1×10^{-10} m。

4. 质量单位换算

美吨 (short ton)	英吨 (long ton)	吨 (t)	千克 (kg)	磅 (lb)	盎司 (oz)
1	0.8929	0.9072	0.0718×10^{2}	2×10^{3}	3.2×10^{4}
1.12	1	1.016	1.016×10^{2}	2.24×10^{3}	3.58×10^{4}
1.102	0.9823	1	1×10^{3}	2.205×10^{3}	3.527×10^{4}
1.102×10^{-3}	9.84×10^{-4}	1×10^{-3}	1	2.205	35.27
5×10^{-4}	4.464×10^{-6}	4.536×10^{-4}	0.4536	1	16
3.125×10^{-4}	2.790×10^{-6}	2.835×10^{-5}	2.835×10^{-2}	6.25×10^{-2}	1

5. 力的单位换算

牛顿(N)	千克力(kgf)	磅力(lbf)	达因(dyn)	磅达(pdl)
1	0.102	0.2248	10^{5}	7.233
9.8067	1	2.205	9.807×10^{5}	70.91
4.448	0.1536	1	4.448×10^{5}	32.17
10^{-5}	1.02×10^{-6}	2.248×10^{-6}	1	7.233×10^{-5}
0.1383	0.01410	0.031	1.383×10^{4}	1

6. 密度单位换算

克/立方厘米 (g/cm^3)	千克/立方米 (kg/m^3)	磅/立方英尺 (lb/ft^3)	磅/加仑 (lb/USgal)
1	10^{3}	62.43	8.345
10^{-3}	1	0.6243	8.345×10^{-3}
0.01602	16.2	1	0.1337
0.1198	119.8	7.481	1

7. 压力单位换算

帕 (Pa)	托 (Torr)	毫巴 (mbar)	标准大气压 (atm)	工程大气压 (kgf/cm^2)	英寸汞柱 (inHg)	磅力/英寸^2 (lbf/in^2)
1	0.007501	0.01	9.87×10^{-6}	1.02×10^{-5}	0.02953	0.450
1.333×10^{-2}	1	1.333	1.316×10^{-3}	1.36×10^{-3}	0.03990	0.01934
1×10^{-2}	0.750	1	9.870×10^{-4}	1.02×10^{-3}	0.02995	0.01450
1.013×10^{5}	760	1013	1	1.033	30.35	14.697
9.81×10^{4}	735.6	981	0.968	1	29.38	14.22
3.338×10^{3}	25.04	33.38	3.295×10^{-2}	3.453×10^{-2}	1	0.484
6.895×10^{3}	5172	68.95	6.805×10^{-2}	7.031×10^{-2}	2.806	1

8. 动力黏度单位换算

帕·秒 (Pa·s)	泊 (P)	厘泊 (cP)	千克/ (米·秒) (kg/(m·s))	千克/ (米·小时) (kg/(m·h))	磅/ (英尺·秒) (lb/(ft·s))	千克力· 秒/米^2 ($kgf\cdot s/m^2$)
1	10	10^3	1	3.6×10^{3}	0.6720	0.102
0.1	1	100	0.1	360	0.06720	0.0102
0.001	0.01	1	0.001	3.6	6.720×10^{-4}	1.02×10^{-4}
1	10	10^3	1	3.6×10^{3}	0.6720	0.102
2.778×10^{-4}	2.778×10^{-3}	0.2778	2.778×10^{-4}	1	1.8667×10^{-4}	2.83×10^{-5}
1.4881	14.881	148.8	1.488	5.357×10^{2}	1	0.1519
9.81	98.1	981	9.81	3.53×10^{4}	6.59	1

注:1 泊(P)=1 达因·秒/厘米。

9. 能量单位换算

焦耳 (J)	千克力·米 (kgf·m)	千瓦·小时 (kW·h)	马力·小时 (hp·h)	千卡 (kcal)	英热单位 (Btu)	英尺·磅 (ft·lb)
1	0.1020	2.778×10^{-7}	3.777×10^{-7}	2.389×10^{-4}	9.48×10^{-4}	0.7377
9.8	1	2.724×10^{-6}	3.649×10^{-6}	2.341×10^{-3}	9.29×10^{-3}	7.233
3.6×10^{6}	3.671×10^{5}	1	1.36	859.9	3412	2.655×10^{6}
2.686×10^{6}	2.741×10^{5}	0.7461	1	641.6	2546	1.980×10^{6}
4.186×10^{6}	427.2	1.163×10^{-3}	1.558×10^{-2}	1	3.968	3087
1.055×10^{3}	107.6	2.93×10^{-4}	3.927×10^{-4}	0.252	1	778.1
1.3558	0.1383	3.776×10^{-7}	5.051×10^{-7}	3.239×10^{-4}	0.001285	1

注:(1) 1 erg=10^{-7} J,1 eV(电子伏特)=1.60207×10^{-19} J。

(2) 1 ph·h(公制马力小时)=0.9858 hp·h=2.648×10^{6} J。

10．功率单位换算

瓦(W)	千瓦(kW)	千克(力)·米/秒(kg(f)·m/s)	英尺·磅/秒(ft·lb/s)	马力(hp)	千卡/秒(kcal/s)	英热单位/秒(Btu/s)
1	10^{-3}	0.1020	0.7355	0.001341	0.0002389	0.0009486
10^3	1	101.97	735.56	1.3410	0.2389	0.9486
9.8067	9.8067×10^{-3}	1	7.2331	0.01315	0.002342	0.009283
1.3558	1.3558×10^{-3}	0.1383	1	0.001818	0.0003289	0.001285
745.69	0.7457	76.0375	550	1	0.1780	0.7067
4186	4.1860	426.85	3087.44	5.6135	1	3.9683
1055	1.0550	107.58	778.168	1.4148	0.2520	1

二、某些气体的重要物理性质

名称	分子式	相对分子质量	密度(0 ℃，101.325 kPa)/kg·m^{-3}	定压比热容(20 ℃，101.325 kPa)/kJ·kg^{-1}·K^{-1}	$K=\frac{c_p}{c_s}$	黏度(0 ℃，101.325 kPa)/μPa·s	沸点(101.325 kPa)/℃	汽化热(101.325 kPa)/kJ·kg^{-1}	临界点 温度/℃	临界点 压力/kPa	热导率(0 ℃，101.325 kPa)/W·m^{-1}·K^{-1}
空气	—	28.95	1.293	1.009	1.40	17.3	−195	197	−140.7	3769	0.0244
氧	O_2	32	1.429	0.653	1.40	20.3	−132.98	213	−118.82	5038	0.0240
氮	N_2	28.02	1.251	0.745	1.40	17.0	−195.78	199.2	−147.13	3393	0.0228
氢	H_2	2.016	0.0899	10.13	1.407	8.42	−252.75	454.2	−239.9	1297	0.163
氦	He	4.00	0.1785	3.18	1.66	18.8	−268.95	19.5	−267.96	229	0.144
氩	Ar	39.94	1.7820	0.322	1.66	20.9	−185.87	163	−122.44	4864	0.0173
氯	Cl_2	70.91	3.217	0.355	1.36	12.9(16°)	−33.8	305	+144.0	7711	0.0072
氨	NH_3	17.03	0.771	0.67	1.29	9.18	−33.4	1373	+132.4	1130	0.0215
一氧化碳	CO	28.01	1.250	0.754	1.40	16.6	−191.48	211	−140.2	3499	0.0226

续表

名称	分子式	相对分子质量	密度(0 ℃, 101.325 kPa)/kg·m^{-3}	定压比热容(20 ℃, 101.325 kPa)/kJ·kg^{-1}·K^{-1}	$K=\frac{c_p}{c_s}$	黏度(0 ℃, 101.325 kPa)/μPa·s	沸点(101.325 kPa)/℃	汽化热(101.325 kPa)/kJ·kg^{-1}	临界点		热导率(0 ℃, 101.325 kPa)/W·m^{-1}·K^{-1}
									温度/℃	压力/kPa	
二氧化碳	CO_2	44.01	1.976	0.653	1.30	13.7	−78.2	574	+31.1	7387	0.0137
二氧化硫	SO_2	64.07	2.927	0.502	1.25	11.7	−10.8	394	+157.5	7881	0.0077
二氧化氮	NO_2	46.01	—	0.615	1.31	—	+21.2	712	+158.2	10133	0.0400
硫化氢	H_2S	34.08	1.539	0.804	1.30	11.66	−60.2	548	+100.4	19140	0.0131
甲烷	CH_4	16.04	0.717	1.70	1.31	10.3	−161.58	511	−82.15	4620	0.0300
乙烷	C_2H_6	30.07	1.357	1.44	1.20	8.50	−88.50	486	+32.1	4950	0.0180
丙烷	C_3H_8	44.1	2.020	1.65	1.13	7.95(18°)	−42.1	427	+95.6	4357	0.0148
丁烷(正)	C_4H_{10}	58.12	2.673	1.73	1.108	8.10	−0.5	386	+152	3800	0.0135
戊烷(正)	C_5H_{12}	72.15	—	1.57	1.09	8.74	−36.08	151	+197.1	3344	0.0128
乙烯	C_2H_4	28.05	1.261	1.222	1.25	9.85	+103.7	481	+9.7	5137	0.0164
丙烯	C_3H_6	42.08	1.914	1.436	1.17	8.35(20 ℃)	−47.7	440	+91.4	4600	—
乙炔	C_2H_2	26.04	1.171	1.352	1.24	9.35	−83.66(升华)	829	+35.7	6242	0.0184
氯甲烷	CH_3Cl	50.49	2.308	0.582	1.28	9.89	−24.1	406	+148	6687	0.0085
苯	C_6H_6	78.11	—	1.139	1.1	7.2	+80.2	394	+288.5	4833	0.0088

三、某些液体的重要物理性质

序号	名称	分子式	相对分子质量	密度(20 ℃)/kg·m^{-3}	沸点(101.3 kPa)/℃	汽化热(101.3 kPa)/kJ·kg^{-1}	比热容(20 ℃)/kJ·kg^{-1}·K^{-1}	黏度(20 ℃)/mPa·s	热导率(20 ℃)/W·m^{-1}·K^{-1}	体积膨胀系数(20 ℃)/10^{-4} ℃$^{-1}$	表面张力(20 ℃)/10^{-3} N·m^{-1}
1	水	H_2O	18.02	998	100	2258	4.183	1.005	0.599	1.82	72.8
2	盐水(25% NaCl)	—	—	1186(25 ℃)	107	—	3.39	2.3	0.57(30 ℃)	(4.4)	—
3	盐水(25% $CaCl_2$)	—	—	1228	107	—	2.89	2.5	0.57	(3.4)	—
4	硫酸	H_2SO_4	98.08	1831	340(分解)	—	1.47(98%)	—	0.38	5.7	—
5	硝酸	HNO_3	63.02	1513	86	481.1	—	1.17(10 ℃)	—	—	—
6	盐酸(30%)	HCl	36.47	1149	—	—	2.55	2(31.5%)	0.42	—	—
7	二硫化碳	CS_2	76.13	1262	46.3	352	1.005	0.38	0.16	12.1	32
8	戊烷	C_5H_{12}	72.15	626	36.07	357.4	2.24(15.6 ℃)	0.229	0.113	15.9	16.2
9	已烷	C_6H_{14}	86.17	659	68.74	335.1	2.31(15.6 ℃)	0.313	0.119	—	18.2

续表

序号	名称	分子式	相对分子质量	密度(20 ℃)/kg·m^{-3}	沸点(101.3 kPa)/℃	汽化热(101.3 kPa)/kJ·kg^{-1}	比热容(20 ℃)/kJ·kg^{-1}·K^{-1}	黏度(20 ℃)/mPa·s	热导率(20 ℃)/W·m^{-1}·K^{-1}	体积膨胀系数(20 ℃)/10^{-4} ℃$^{-1}$	表面张力(20 ℃)/10^{-3} N·m^{-1}
10	庚烷	C_7H_{16}	100.20	684	98.43	316.5	2.21(15.6 ℃)	0.411	0.123	—	20.1
11	辛烷	C_8H_{18}	114.22	703	125.67	306.4	2.19(15.6 ℃)	0.540	0.131	—	21.8
12	三氯甲烷	$CHCl_3$	119.38	1489	61.2	253.7	0.992	0.58	0.138(30 ℃)	12.6	28.5(10 ℃)
13	四氯化碳	CCl_4	153.82	1594	76.8	195	0.850	1.0	0.12	—	26.8
14	1,2-二氯乙烷	$C_2H_4Cl_2$	98.96	1253	83.6	324	1.260	0.83	0.14(50 ℃)	—	30.8
15	苯	C_6H_6	78.11	879	80.10	393.9	1.704	0.737	0.148	12.4	28.6
16	甲苯	C_7H_8	92.13	867	110.63	363	1.70	0.675	0.138	10.9	27.9
17	邻二甲苯	C_8H_{10}	106.16	880	144.42	347	1.74	0.811	0.142	—	30.2
18	间二甲苯	C_8H_{10}	106.16	864	139.10	343	1.70	0.611	0.167	10.1	29.0
19	对二甲苯	C_8H_{10}	106.16	861	138.35	340	1.704	0.643	0.129	—	28.0
20	苯乙烯	C_8H_8	104.1	911(15.6 ℃)	145.2	(352)	1.733	0.72	—	—	—
21	氯苯	C_6H_5Cl	112.56	1106	131.8	325	1.298	0.85	0.14(30 ℃)	—	32

续表

序号	名称	分子式	相对分子质量	密度(20 ℃/kg·m^{-3}	沸点(101.3 kPa)/℃	汽化热(101.3 kPa)/kJ·kg^{-1}	比热容(20 ℃)/kJ·kg^{-1}·K^{-1}	黏度(20 ℃)/mPa·s	热导率(20 ℃)/W·m^{-1}·K^{-1}	体积膨胀系数(20 ℃)/10^{-4} ℃$^{-1}$	表面张力(20 ℃)/10^{-3} N·m^{-1}
22	硝基苯	$C_6H_5NO_2$	123.17	1203	210.9	396	1.466	2.1	0.15	—	41
23	苯胺	$C_6H_5NH_2$	93.13	1022	184.4	448	2.07	4.3	0.17	8.5	42.9
24	苯酚	C_6H_5OH	94.1	1050 (50 ℃)	181.8 40.9 (熔点)	511	—	3.4 (50 ℃)	—	—	—
25	萘	$C_{10}H_8$	128.17	1145 (固体)	217.9 80.2 (熔点)	314	1.80 (100 ℃)	0.59 (100 ℃)	—	—	—
26	甲醇	CH_3OH	32.04	791	64.7	1101	2.48	0.6	0.212	12.2	22.6
27	乙醇	C_2H_5OH	46.07	789	78.3	846	2.39	1.15	0.172	11.6	22.8
28	乙醇(95%)	—	—	804	78.3	—	—	1.4	—	—	—
29	乙二醇	$C_2H_4(OH)_2$	62.05	1113	197.6	780	2.35	23	—	—	—
30	甘油	$C_3H_5(OH)_3$	92.09	1261	290 (分解)	—	—	1499	0.59	53	—
31	乙醚	$(C_2H_5)_2O$	74.12	714	34.6	360	2.34	0.24	0.14	16.3	—
32	乙醛	CH_3CHO	44.05	783 (18 ℃)	20.2	574	1.9	1.3 (18 ℃)	—	—	—
33	糠醛	$C_5H_4O_2$	96.09	1168	161.7	452	1.6	1.15 (50 ℃)	—	—	—
34	丙酮	CH_3COCH_3	58.08	792	56.2	523	2.35	0.32	0.17	—	—
35	甲酸	HCOOH	46.03	1220	100.7	494	2.17	1.9	0.26	—	—

四、某些固体材料的重要物理性质

名称		密度（kg/m³）	导热系数		比热	
			W/m・K	kcal/m・h・℃	kJ/kg・K	kcal/kgf・℃
金属	钢	7850	45.3	39.0	0.46	0.11
	不锈钢	7900	17	15	0.50	0.12
	铸铁	7220	62.8	54.0	0.50	0.12
	铜	8800	383.8	330.0	0.41	0.097
	青铜	8000	64.0	55.0	0.38	0.091
	黄铜	8600	85.5	73.5	0.38	0.09
	铝	2670	203.5	175.0	0.92	0.22
	镍	9000	58.2	50.0	0.46	0.11
	铅	11400	34.9	30.0	0.13	0.031
塑料	酚醛	1250～1300	0.13～0.26	0.11～0.22	1.3～1.7	0.3～0.4
	尿醛	1400～1500	0.30	0.26	1.3～1.7	0.3～0.4
	聚氯乙烯	1380～1400	0.16	0.14	1.8	0.44
	聚苯乙烯	1050～1070	0.08	0.07	1.3	0.32
	低压聚乙烯	940	0.29	0.25	2.6	0.61
	高压聚乙烯	920	0.26	0.22	2.2	0.53
	有机玻璃	1180～1190	0.14～0.20	0.12～0.17		
建筑材料、绝热材料、耐酸材料及其他	干砂	1500～1700	0.45～0.48	0.39～0.50	0.8	0.19
	黏土	1600～1800	0.47～0.53	0.4～0.46	0.75（−20～20 ℃）	0.18（−20～20 ℃）
	锅炉炉渣	700～1100	0.19～0.30	0.16～0.26	—	—
	黏土砖	1600～1900	0.47～0.67	0.4～0.58	0.92	0.22
	耐火砖	1840	1.05（800～1100 ℃）	0.9（800～1100 ℃）	0.88～1.0	0.21～0.24
	绝缘砖（多孔）	600～1400	0.16～0.37	0.14～0.32	—	—
	混凝土	2000～2400	1.3～1.55	1.1～1.33	0.84	0.20

续表

名称		密度(kg/m³)	导热系数		比热	
			W/m·K	kcal/m·h·℃	kJ/kg·K	kcal/kgf·℃
建筑材料、绝热材料、耐酸材料及其他	松木	500～600	0.07～0.10	0.06～0.09	2.7 (0～100 ℃)	0.65 (0～100 ℃)
	软木	100～300	0.041～0.064	0.035～0.055	0.96	0.23
	石棉板	770	0.11	0.10	0.816	0.195
	石棉水泥板	1600～1900	0.35	0.3		
	玻璃	2500	0.74	0.64	0.67	0.16
	耐酸陶瓷制品	2200～2300	0.93～1.0	0.8～0.9	0.75～0.80	0.18～0.19
	耐酸砖和板	2100～2400	—	—	—	—
	耐酸搪瓷	2300～2700	0.99～1.04	0.85～0.9	0.84～1.26	0.2～0.3
	橡胶	1200	0.16	0.14	1.38	0.33
	冰	900	2.3	2.0	2.11	0.505

五、干空气的热物理性质(101.325 kPa)

温度(t) /℃	密度(ρ) /kg·m^{-3}	比热容(c_p) /kJ·kg^{-1}·℃$^{-1}$	热导率($\lambda\times10^2$) /W·m^{-1}·℃$^{-1}$	黏度 ($\mu\times10^6$) /Pa·s	运动黏度 ($\nu\times10^6$) /m^2·s^{-1}	普朗特数 Pr
−50	1.584	1.013	2.04	14.6	9.23	0.728
−40	1.515	1.013	2.12	15.2	10.04	0.728
−30	1.453	1.013	2.20	15.7	10.80	0.723
−20	1.395	1.009	2.28	16.2	11.61	0.716
−10	1.342	1.009	2.36	16.7	12.43	0.712
0	1.293	1.005	2.44	17.2	13.28	0.707
10	1.247	1.005	2.51	17.6	14.16	0.705
20	1.205	1.005	2.59	18.1	15.06	0.703
30	1.165	1.005	2.67	18.6	16.00	0.701
40	1.128	1.005	2.76	19.1	16.96	0.699
50	1.093	1.005	2.83	19.6	17.95	0.698

续表

温度(t)/℃	密度(ρ)/kg·m^{-3}	比热容(c_p)/kJ·kg^{-1}·℃$^{-1}$	热导率($\lambda\times10^2$)/W·m^{-1}·℃$^{-1}$	黏度($\mu\times10^6$)/Pa·s	运动黏度($\nu\times10^6$)/m^2·s^{-1}	普朗特数 Pr
60	1.060	1.005	2.90	20.1	18.97	0.696
70	1.029	1.009	2.96	20.6	20.02	0.694
80	1.000	1.009	3.05	21.1	21.09	0.692
90	0.972	1.009	3.13	21.5	22.10	0.690
100	0.946	1.009	3.21	21.9	23.13	0.688
120	0.898	1.009	3.34	22.8	25.45	0.686
140	0.854	1.013	3.49	23.7	27.80	0.684
160	0.815	1.017	3.64	24.5	30.09	0.682
180	0.779	1.022	3.78	25.3	32.49	0.681
200	0.746	1.026	3.93	26.0	34.85	0.680
250	0.674	1.038	4.27	27.4	40.61	0.677
300	0.615	1.047	4.60	29.7	48.33	0.674
350	0.566	1.059	4.91	31.4	55.46	0.676
400	0.524	1.068	5.21	33.0	63.09	0.678
500	0.456	1.093	5.74	36.2	79.38	0.687
600	0.404	1.114	6.22	39.1	96.89	0.699
700	0.362	1.135	6.71	41.8	115.4	0.706
800	0.329	1.156	7.18	44.3	134.8	0.713
900	0.301	1.172	7.63	46.7	155.1	0.717
1000	0.277	1.185	8.07	49.0	177.1	0.719
1100	0.257	1.197	8.50	51.2	199.3	0.722
1200	0.239	1.210	9.15	53.5	233.7	0.724

六、水的物理性质

温度(t)/℃	饱和蒸气压(p)/kPa	密度(ρ)/kg·m^{-3}	比焓(H)/kJ·kg^{-1}	比热容($c_p\times10^{-3}$)/J·kg^{-1}·K^{-1}	热导率($\lambda\times10^2$)/W·m^{-1}·K^{-1}	黏度($\mu\times10^6$)/Pa·s	体积膨胀系数($\beta\times10^4$)/K^{-1}	表面张力($\sigma\times10^4$)/N·m^{-1}	普朗特数 Pr
0	0.611	999.9	0	4.212	55.1	1788	−0.81	756.4	13.67
10	1.227	999.7	42.04	4.191	57.4	1306	+0.87	741.6	9.52
20	2.338	998.2	83.91	4.183	59.9	1004	2.09	726.9	7.02

续表

温度 (t) /℃	饱和蒸气压 (p)/kPa	密度 (ρ) /kg · m^{-3}	比焓 (H) /kJ · kg^{-1}	比热容 ($c_p \times 10^{-3}$) /J · kg^{-1} · K^{-1}	热导率 ($\lambda \times 10^2$) /W · m^{-1} · K^{-1}	黏度 ($\mu \times 10^6$) /Pa · s	体积膨胀系数 ($\beta \times 10^4$) /K^{-1}	表面张力 ($\sigma \times 10^4$) /N · m^{-1}	普朗特数 Pr
30	4.241	995.7	125.7	4.174	61.8	801.5	3.05	712.2	5.42
40	7.375	992.2	167.5	4.174	63.5	653.3	3.86	696.5	4.31
50	12.335	988.1	209.3	4.174	64.8	549.4	4.57	676.9	3.54
60	19.92	983.1	251.1	4.179	65.9	469.9	5.22	662.2	2.99
70	31.16	977.8	293.0	4.187	66.8	406.1	5.83	643.5	2.55
80	47.36	971.8	355.0	4.195	67.4	355.1	6.40	625.9	2.21
90	70.11	965.3	377.0	4.208	68.0	314.9	6.96	607.2	1.95
100	101.3	958.4	419.1	4.220	68.3	282.5	7.50	588.6	1.75
110	143	951.0	461.4	4.233	68.5	259.0	8.04	569.0	1.60
120	198	943.1	503.7	4.250	68.6	237.4	8.58	548.4	1.47
130	270	934.8	546.4	4.266	68.6	217.8	9.12	528.8	1.36
140	361	926.1	589.1	4.287	68.5	201.1	9.68	507.2	1.26
150	476	917.0	632.2	4.313	68.4	186.4	10.26	486.6	1.17
160	618	907.0	675.4	4.346	68.3	173.6	10.87	466.0	1.10
170	792	897.3	719.3	4.380	67.9	162.8	11.52	443.4	1.05
180	1003	886.9	763.3	4.417	67.4	153.0	12.21	422.8	1.00
190	1255	876.0	807.8	4.459	67.0	144.2	12.96	400.2	0.96
200	1555	863.0	852.8	4.505	66.3	136.4	13.77	376.7	0.93
210	1908	852.3	897.7	4.555	65.5	130.5	14.67	354.1	0.91
220	2320	840.3	943.7	4.614	64.5	124.6	15.67	331.6	0.89
230	2798	827.3	990.2	4.681	63.7	119.7	16.80	310.0	0.88
240	3348	813.6	1037.5	4.756	62.8	114.8	18.08	285.5	0.87
250	3978	799.0	1085.7	4.844	61.8	109.9	19.55	261.9	0.86
260	4694	784.0	1135.7	4.949	60.5	105.9	21.27	237.4	0.87
270	5505	767.9	1185.7	5.070	59.0	102.0	23.31	214.8	0.88
280	6419	750.7	1236.8	5.230	57.4	98.1	25.79	191.3	0.90
290	7445	732.3	1290.0	5.485	55.8	94.2	28.84	168.7	0.93
300	8592	712.5	1344.9	5.736	54.0	91.2	32.73	144.2	0.97
310	9870	691.1	1402.2	6.071	52.3	88.3	37.85	120.7	1.03
320	11290	667.1	1462.1	6.574	50.6	85.3	44.91	98.10	1.11
330	12865	640.2	1526.2	7.244	48.4	81.4	55.31	76.71	1.22
340	14608	610.1	1594.8	8.165	45.7	77.5	72.10	56.70	1.39
350	16537	574.4	1671.4	9.504	43.0	72.6	103.7	38.16	1.60

续表

温度(t)/℃	饱和蒸气压(p)/kPa	密度(ρ)/kg·m^{-3}	比焓(H)/kJ·kg^{-1}	比热容($c_p\times10^{-3}$)/J·kg^{-1}·K^{-1}	热导率($\lambda\times10^2$)/W·m^{-1}·K^{-1}	黏度($\mu\times10^6$)/Pa·s	体积膨胀系数($\beta\times10^4$)/K^{-1}	表面张力($\sigma\times10^4$)/N·m^{-1}	普朗特数 Pr
360	18674	528.0	1761.5	13.984	39.5	66.7	182.9	20.21	2.35
370	21053	450.5	1892.5	40.321	33.7	56.9	676.7	4.709	6.79

注:β值选自 Steam Tables in SI Units,2nd Ed.,Ed. by Grigull,U. et. al.,Springer—Verlag,1984。

七、饱和水蒸气表(按温度排列)

温度/℃	绝对压力/kPa	蒸汽密度/kg·m^{-3}	比焓/kJ·kg^{-1} 液体	比焓/kJ·kg^{-1} 蒸汽	比汽化焓/kJ·kg^{-1}
0	0.6082	0.00484	0	2491	2491
5	0.8730	0.00680	20.9	2500.8	2480
10	1.226	0.00940	41.9	2510.4	2469
15	1.707	0.01283	62.8	2520.5	2458
20	2.335	0.01719	83.7	2530.1	2446
25	3.168	0.02304	104.7	2539.7	2435
30	4.247	0.03036	125.6	2549.3	2424
35	5.621	0.03960	146.5	2559.0	2412
40	7.377	0.05114	167.5	2568.6	2401
45	9.584	0.06543	188.4	2577.8	2389
50	12.34	0.0830	209.3	2587.4	2378
55	15.74	0.1043	230.3	2596.7	2366
60	19.92	0.1301	251.2	2606.3	2355
65	25.01	0.1611	272.1	2615.5	2343
70	31.16	0.1979	293.1	2624.3	2331
75	38.55	0.2416	314.0	2633.5	2320
80	47.38	0.2929	334.9	2642.3	2307
85	57.88	0.3531	355.9	2651.1	2295
90	70.14	0.4229	376.8	2659.9	2283
95	84.56	0.5039	397.8	2668.7	2271
100	101.33	0.5970	418.7	2677.0	2258
105	120.85	0.7036	440.0	2685.0	2245
110	143.31	0.8254	461.0	2693.4	2232
115	169.11	0.9635	482.3	2701.3	2219
120	198.64	1.1199	503.7	2708.9	2205

续表

温度/℃	绝对压力/kPa	蒸汽密度/kg·m^{-3}	比焓/kJ·kg^{-1}		比汽化焓/kJ·kg^{-1}
			液体	蒸汽	
125	232.19	1.296	525.0	2716.4	2191
130	270.25	1.494	546.4	2723.9	2178
135	313.11	1.715	567.7	2731.0	2163
140	361.47	1.962	589.1	2737.7	2149
145	415.72	2.238	610.9	2744.4	2134
150	476.24	2.543	632.2	2750.7	2119
160	618.28	3.252	675.8	2762.9	2087
170	792.59	4.113	719.3	2773.3	2054
180	1003.5	5.145	763.3	2782.5	2019
190	1255.6	6.378	807.6	2790.1	1982
200	1554.8	7.840	852.0	2795.5	1944
210	1917.7	9.567	897.2	2799.3	1902
220	2320.9	11.60	942.4	2801.0	1859
230	2798.6	13.98	988.5	2800.1	1812
240	3347.9	16.76	1034.6	2796.8	1762
250	3977.7	20.01	1081.4	2790.1	1709
260	4693.8	23.82	1128.8	2780.9	1652
270	5504.0	28.27	1176.9	2768.3	1591
280	6417.2	33.47	1225.5	2752.0	1526
290	7443.3	39.60	1274.5	2732.3	1457
300	8592.9	46.93	1325.5	2708.0	1382

八、饱和水蒸气表(按压力排列)

绝对压力/kPa	温度/℃	蒸汽密度/kg·m^{-3}	比焓/kJ·kg^{-1}		比汽化焓/kJ·kg^{-1}
			液体	蒸汽	
8.0	41.3	0.05514	172.7	2571.0	2398
9.0	43.3	0.06156	181.2	2574.8	2394
10.0	45.3	0.06798	189.6	2578.5	2389
15.0	53.5	0.09956	224.0	2594.0	2370
20.0	60.1	0.1307	251.5	2606.4	2355
30.0	66.5	0.1909	288.8	2622.4	2334
40.0	75.0	0.2498	315.9	2634.1	2312
50.0	81.2	0.3080	339.8	2644.3	2304

续表

绝对压力 /kPa	温度 /℃	蒸汽密度 /kg·m^{-3}	比焓/kJ·kg^{-1}		比汽化焓 /kJ·kg^{-1}
			液体	蒸汽	
60.0	85.6	0.3651	358.2	2652.1	2394
70.0	89.9	0.4223	376.6	2659.8	2283
80.0	93.2	0.4781	39.01	2665.3	2275
90.0	96.4	0.5338	403.5	2670.8	2267
100.0	99.6	0.5896	416.9	2676.3	2259
120.0	104.5	0.6987	437.5	2684.3	2247
140.0	109.2	0.8076	457.7	2692.1	2234
160.0	113.0	0.8298	473.9	2698.1	2224
180.0	116.6	1.021	489.3	2703.7	2214
200.0	120.2	1.127	493.7	2709.2	2205
250.0	127.2	1.390	534.4	2719.7	2185
300.0	133.3	1.650	560.4	2728.5	2168
350.0	138.8	1.907	583.8	2736.1	2152
400.0	143.4	2.162	603.6	2742.1	2138
450.0	147.7	2.415	622.4	2747.8	2125
500.0	151.7	2.667	639.6	2752.8	2113
600.0	158.7	3.169	676.2	2761.4	2091
700.0	164.7	3.666	696.3	2767.8	2072
800	170.4	4.161	721.0	2773.7	2053
900	175.1	4.652	741.8	2778.1	2036
1×10^3	179.9	5.143	762.7	2782.5	2020
1.1×10^3	180.2	5.633	780.3	2785.5	2005
1.2×10^3	187.8	6.124	797.9	2788.5	1991
1.3×10^3	191.5	6.614	814.2	2790.9	1977
1.4×10^3	194.8	7.103	829.1	2792.4	1964
1.5×10^3	198.2	7.594	843.9	2794.5	1951
1.6×10^3	201.3	8.081	857.8	2796.0	1938
1.7×10^3	204.1	8.567	870.6	2797.1	1926
1.8×10^3	206.9	9.053	883.4	2798.1	1915
1.9×10^3	209.8	9.539	896.2	2799.2	1903
2×10^3	212.2	10.03	907.3	2799.7	1892
3×10^3	233.7	15.01	1005.4	2798.9	1794
4×10^3	250.3	20.10	1082.9	2789.8	1707
5×10^3	263.8	25.37	1146.9	2776.2	1629
6×10^3	275.4	30.85	1203.2	2759.5	1556
7×10^3	285.7	36.57	1253.2	2740.8	1488

续表

绝对压力/kPa	温度/℃	蒸汽密度/kg·m^{-3}	比焓/kJ·kg^{-1}		比汽化焓/kJ·kg^{-1}
			液体	蒸汽	
8×10^3	294.8	42.58	1299.2	2720.5	1404
9×10^3	303.2	48.89	1343.5	2699.1	1357

九、某些有机液体的相对密度（液体密度与 4 ℃水的密度之比）

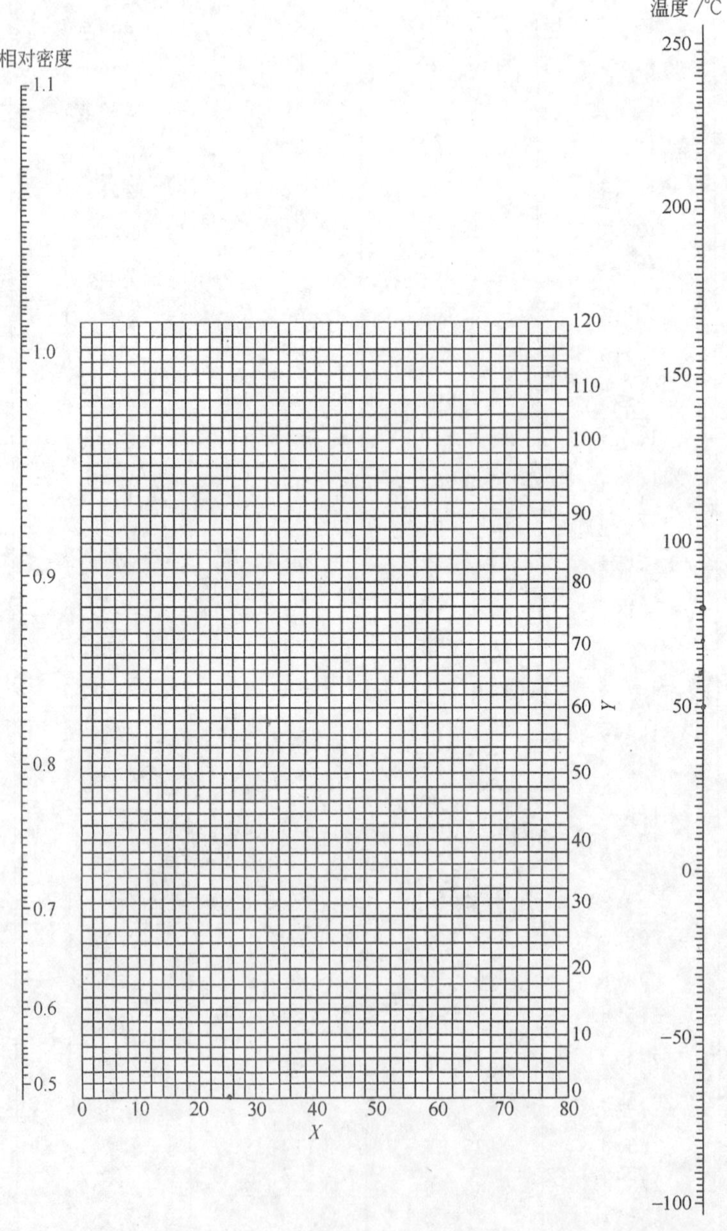

有机液体相对密度共线图的坐标值

有机液体	X	Y	有机液体	X	Y
乙炔	20.8	10.1	甲酸乙酯	37.6	68.4
乙烷	10.3	4.4	甲酸丙酯	33.8	66.7
乙烯	17.0	3.5	丙烷	14.2	12.2
乙醇	24.2	48.6	丙酮	26.1	47.8
乙醚	22.6	35.8	丙醇	23.8	50.8
乙丙醚	20.0	37.0	丙酸	35.0	83.5
乙硫醇	32.0	55.5	丙酸甲酯	36.5	68.3
乙硫醚	25.7	55.3	丙酸乙酯	32.1	63.9
二乙胺	17.8	33.5	戊烷	12.6	22.6
二硫化碳	18.6	45.4	异戊烷	13.5	22.5
异丁烷	13.7	16.5	辛烷	12.7	32.5
丁酸	31.3	78.7	庚烷	12.6	29.8
丁酸甲酯	31.5	65.5	苯	32.7	63.0
异丁酸	31.5	75.9	苯酚	35.7	103.8
丁酸(异)甲酯	33.0	64.1	苯胺	33.5	92.5
十一烷	14.4	39.2	氟苯	41.9	86.7
十二烷	14.3	41.4	癸烷	16.0	38.2
十三烷	15.3	42.4	氨	22.4	24.6
十四烷	15.8	43.3	氯乙烷	42.7	62.4
三乙胺	17.9	37.0	氯甲烷	52.3	62.9
三氢化磷	28.0	22.1	氯苯	41.7	105.0
己烷	13.5	27.0	氰丙烷	20.1	44.6
壬烷	16.2	36.5	氰甲烷	21.8	44.9
六氢吡啶	27.5	60.0	环己烷	19.6	44.0
甲乙醚	25.0	34.4	醋酸	40.6	93.5
甲醇	25.8	49.1	醋酸甲酯	40.1	70.3
甲硫醇	37.3	59.6	醋酸乙酯	35.0	65.0
甲硫醚	31.9	57.4	醋酸丙酯	33.0	65.5
甲醚	27.2	30.1	甲苯	27.0	61.0
甲酸甲酯	46.4	74.6	异戊醇	20.5	52.0

十、液体饱和蒸气压 p° 的 Antoine(安托因)常数

液　体	A	B	C	温度范围/℃
甲烷(CH_4)	5.82051	405.42	267.78	−181～−152
乙烷(C_2H_6)	5.95942	663.7	256.47	−143～−75
丙烷(C_3H_8)	5.92888	803.81	246.99	−108～−25
丁烷(C_4H_{10})	5.93886	935.86	238.73	−78～19
戊烷(C_5H_{12})	5.97711	1064.63	232.00	−50～58
己烷(C_6H_{14})	6.10266	1171.530	224.366	−25～92
庚烷(C_7H_{16})	6.02730	1268.115	216.900	−2～120
辛烷(C_8H_{18})	6.04867	1355.126	209.517	19～152
乙烯	5.87246	585.0	255.00	−153～91
丙烯	5.9445	785.85	247.00	−112～−28
甲醇	7.19736	1574.99	238.86	−16～91
乙醇	7.33827	1652.05	231.48	−3～96
丙醇	6.74414	1375.14	193.0	12～127
醋酸	6.42452	1479.02	216.82	15～157
丙酮	6.35647	1277.03	237.23	−32～77
四氯化碳	6.01896	1219.58	227.16	−20～101
苯	6.03055	1211.033	220.79	−16～104
甲苯	6.07954	1344.8	219.482	6～137
水	7.07406	1657.46	227.02	10～168

注：$\lg p^{\circ}=A-B/(t+C)$，式中 p° 的单位为 kPa，t 为℃。

十一、水的黏度

温度/℃	黏度/mPa・s	温度/℃	黏度/mPa・s	温度/℃	黏度/mPa・s
0	1.7921	34	0.7371	69	0.4117
1	1.7313	35	0.7225	70	0.4061
2	1.6728	36	0.7085	71	0.4006
3	1.6191	37	0.6947	72	0.3952
4	1.5674	38	0.6814	73	0.3900
5	1.5188	39	0.6685	74	0.3849
6	1.4728	40	0.6560	75	0.3799
7	1.4284	41	0.6439	76	0.3750
8	1.3860	42	0.6321	77	0.3702
9	1.3462	43	0.6207	78	0.3655
10	1.3077	44	0.6097	79	0.3610
11	1.2713	45	0.5988	80	0.3565
12	1.2363	46	0.5883	81	0.3521
13	1.2028	47	0.5782	82	0.3478
14	1.1709	48	0.5683	83	0.3436
15	1.1404	49	0.5588	84	0.3395
16	1.1111	50	0.5494	85	0.3355
17	1.0828	51	0.5404	86	0.3315
18	1.0559	52	0.5315	87	0.3276
19	1.0299	53	0.5229	88	0.3239
20	1.0050	54	0.5146	89	0.3202
20.2	1.0000	55	0.5064	90	0.3165
21	0.9810	56	0.4985	91	0.3130
22	0.9579	57	0.4907	92	0.3095
23	0.9359	58	0.4832	93	0.3060
24	0.9142	59	0.4759	94	0.3027
25	0.8937	60	0.4688	95	0.2994
26	0.8737	61	0.4618	96	0.2962
27	0.8545	62	0.4550	97	0.2930
28	0.8360	63	0.4483	98	0.2899
29	0.8180	64	0.4418	99	0.2868
30	0.8007	65	0.4355	100	0.2838
31	0.7840	66	0.4293		
32	0.7679	67	0.4233		
33	0.7523	68	0.4174		

十二、气体黏度共线图(101.325 kPa)

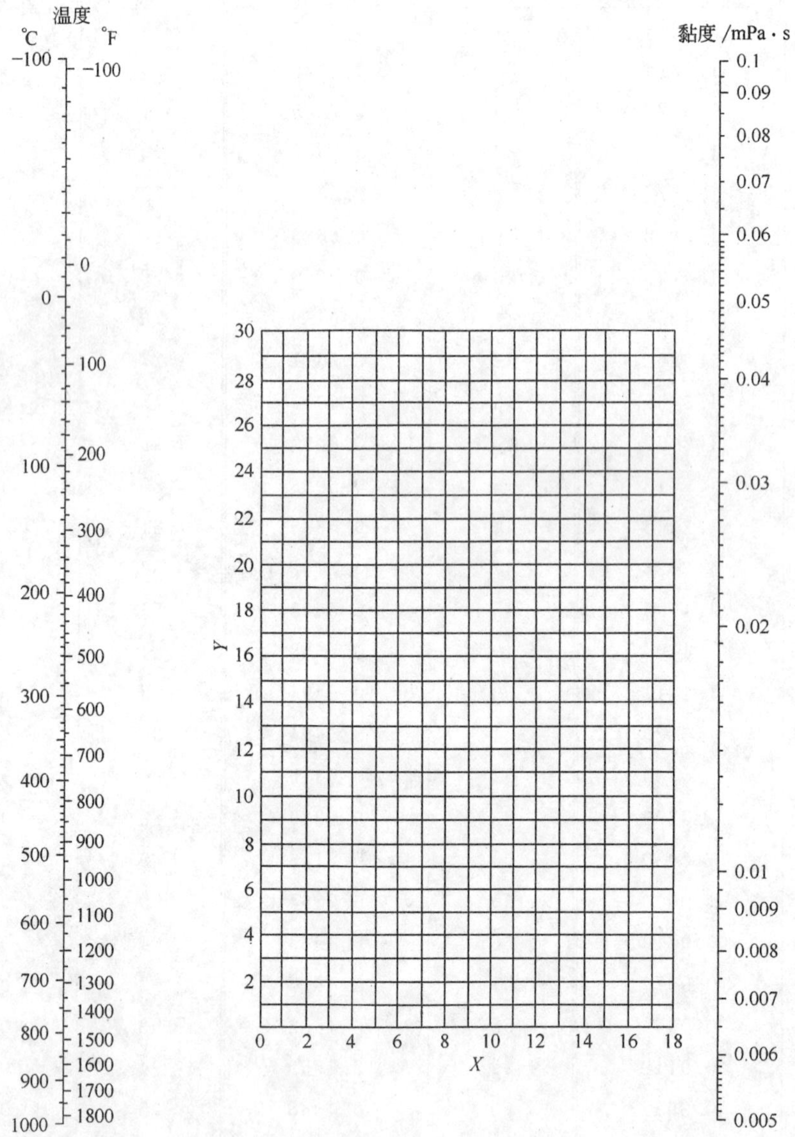

气体黏度共线图坐标值

序号	气体	X	Y	序号	气体	X	Y
1	醋酸	7.7	14.3	29	氟利昂-113 (CCl_2F-$CClF_2$)	11.3	14.0
2	丙酮	8.9	13.0	30	氦	10.9	20.5
3	乙炔	9.8	14.9	31	己烷	8.6	11.8
4	空气	11.0	20.0	32	氢	11.2	12.4
5	氨	8.4	16.0	33	$3H_2+1N_2$	11.2	17.2
6	氩	10.5	22.4	34	溴化氢	8.8	20.9
7	苯	8.5	13.2	35	氯化氢	8.8	18.7
8	溴	8.9	19.2	36	氰化氢	9.8	14.9
9	丁烯(butene)	9.2	13.7	37	碘化氢	9.0	21.3
10	丁烯(butylene)	8.9	13.0	38	硫化氢	8.6	18.0
11	二氧化碳	9.5	18.3	39	碘	9.0	18.4
12	二硫化碳	8.0	16.0	40	水银	5.3	22.9
13	一氧化碳	11.0	20.0	41	甲烷	9.9	15.5
14	氯	9.0	18.4	42	甲醇	8.5	15.6
15	三氯甲烷	8.9	15.7	43	一氧化氮	10.9	20.5
16	氰	9.2	15.2	44	氮	10.6	20.0
17	环己烷	9.2	12.0	45	五硝酰氯	8.0	17.6
18	乙烷	9.1	14.5	46	一氧化二氮	8.8	19.0
19	乙酸乙酯	8.5	13.2	47	氧	11.0	21.3
20	乙醇	9.2	14.2	48	戊烷	7.0	12.8
21	氯乙烷	8.5	15.6	49	丙烷	9.7	12.9
22	乙醚	8.9	13.0	50	丙醇	8.4	13.4
23	乙烯	9.5	15.1	51	丙烯	9.0	13.8
24	氟	7.3	23.8	52	二氧化硫	9.6	17.0
25	氟利昂-11(CCl_3F)	10.6	15.1	53	甲苯	8.6	12.4
26	氟利昂-12(CCl_2F_2)	11.1	16.0	54	2,3,3-三甲基丁烷	9.5	10.5
27	氟利昂-21($CHCl_2F$)	10.8	15.3	55	水	8.0	16.0
28	氟利昂-22($CHClF_2$)	10.1	17.0	56	氙	9.3	23.0

十三、液体黏度共线图

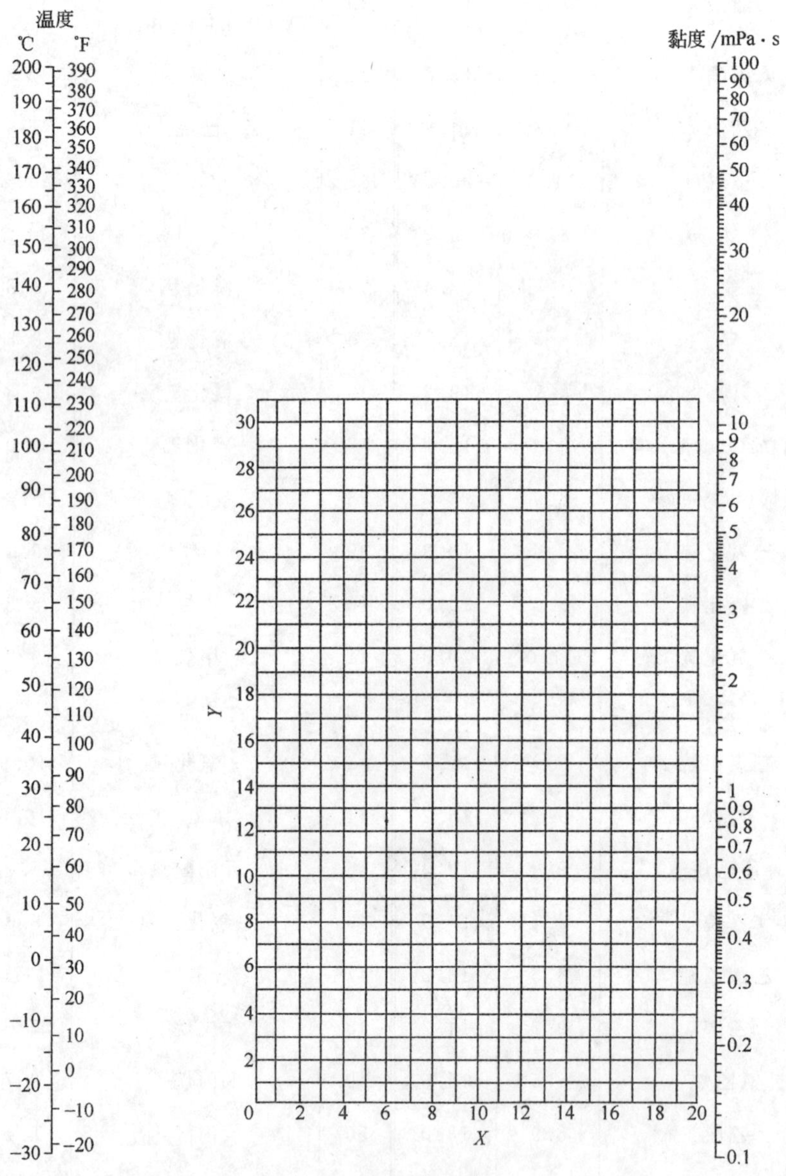

用法举例:求苯在 50 ℃时的黏度,从本表序号 15 查得苯的 $X=12.5$,$Y=10.9$。把这两个数值标在共线图的 Y-X 坐标上得一点,把这个点与图中左方温度标尺上 50 ℃的点连成一直线,并延长,与右方黏度标尺相交,由此交点定出 50 ℃苯的黏度为 0.44 mPa · s。

液体黏度共线图坐标值

序号	液　　体	X	Y	序号	液　　体	X	Y
1	乙醛	15.2	14.8	28	氯磺酸	11.2	18.1
2	100%醋酸	12.1	14.2	29	氯甲苯(邻位)	13.0	13.3
3	70%醋酸	9.5	17.0	30	氯甲苯(间位)	13.3	12.5
4	醋酸酐	12.7	12.8	31	氯甲苯(对位)	13.3	12.5
5	100%丙酮	14.5	7.2	32	甲酚(间位)	2.5	20.8
6	35%丙酮	7.9	15.0	33	环己醇	2.9	24.3
7	丙烯醇	10.2	14.3	34	二溴乙烷	12.7	15.8
8	100%氨	12.6	2.0	35	二氯乙烷	13.2	12.2
9	26%氨	10.1	13.9	36	二氯甲烷	14.6	8.9
10	醋酸戊酯	11.8	12.5	37	草酸乙酯	11.0	16.4
11	戊醇	7.5	18.4	38	草酸二甲酯	12.3	15.8
12	苯胺	8.1	18.7	39	联苯	12.0	18.3
13	苯甲醚	12.3	13.5	40	草酸二丙酯	10.3	17.7
14	三氯化砷	13.9	14.5	41	乙酸乙酯	13.7	9.1
15	苯	12.5	10.9	42	100%乙醇	10.5	13.8
16	25%氯化钙盐水	6.6	15.9	43	95%乙醇	9.8	14.3
17	25%氯化钠盐水	10.2	16.6	44	40%乙醇	6.5	16.6
18	溴	14.2	13.2	45	乙苯	13.2	11.5
19	溴甲苯	20	15.9	46	溴乙烷	14.5	8.1
20	乙酸丁酯	12.3	11.0	47	氯乙烷	14.8	6.0
21	丁醇	8.6	17.2	48	乙醚	14.5	5.3
22	丁酸	12.1	15.3	49	甲酸乙酯	14.2	8.4
23	二氧化碳	11.6	0.3	50	碘乙烷	14.7	10.3
24	二硫化碳	16.1	7.5	51	乙二醇	6.0	23.6
25	四氯化碳	12.7	13.1	52	甲酸	10.7	15.8
26	氯苯	12.3	12.4	53	氟利昂-11(CCl_3F)	14.4	9.0
27	三氯甲烷	14.4	10.2	54	氟利昂-12(CCl_2F_2)	16.8	5.6

续表

序号	液　体	X	Y	序号	液　体	X	Y
55	氟利昂-21($CHCl_2F$)	15.7	7.5	82	五氯乙烷	10.9	17.3
56	氟利昂-22($CHClF_2$)	17.2	4.7	83	戊烷	14.9	5.2
57	氟利昂-113(CCl_2F-$CClF_2$)	12.5	11.4	84	酚	6.9	20.8
58	100%甘油	2.0	30.0	85	三溴化磷	13.8	16.7
59	50%甘油	6.9	19.6	86	三氯化磷	16.2	10.9
60	庚烷	14.1	8.4	87	丙酸	12.8	13.8
61	己烷	14.7	7.0	88	丙醇	9.1	16.5
62	31.5%盐酸	13.0	16.6	89	溴丙烷	14.5	9.6
63	异丁醇	7.1	18.0	90	氯丙烷	14.4	7.5
64	异丁醇	12.2	14.4	91	碘丙烷	14.1	11.6
65	异丙醇	8.2	16.0	92	钠	16.4	13.9
66	煤油	10.2	16.9	93	50%氢氧化钠	3.2	25.8
67	粗亚麻仁油	7.5	27.2	94	四氯化锡	13.5	12.8
68	水银	18.4	16.4	95	二氧化硫	15.2	7.1
69	100%甲醇	12.4	10.5	96	110%硫酸	7.2	27.4
70	90%甲醇	12.3	11.8	97	98%硫酸	7.0	24.8
71	40%甲醇	7.8	15.5	98	60%硫酸	10.2	21.3
72	乙酸甲酯	14.2	8.2	99	二氯二氧化硫	15.2	12.4
73	氯甲烷	15.0	3.8	100	四氯乙烷	11.9	15.7
74	丁酮	13.9	8.6	101	四氯乙烯	14.2	12.7
75	萘	7.9	18.1	102	四氯化钛	14.4	12.3
76	95%硝酸	12.8	13.8	103	甲苯	13.7	10.4
77	60%硝酸	10.8	17.0	104	三氯乙烯	14.8	10.5
78	硝基苯	10.6	16.2	105	松节油	11.5	14.9
79	硝基甲苯	11.0	17.0	106	醋酸乙烯	14.0	8.8
80	辛烷	13.7	10.0	107	水	10.2	13.0
81	辛醇	6.6	21.1				

十四、气体比热容共线图(101.325 kPa)

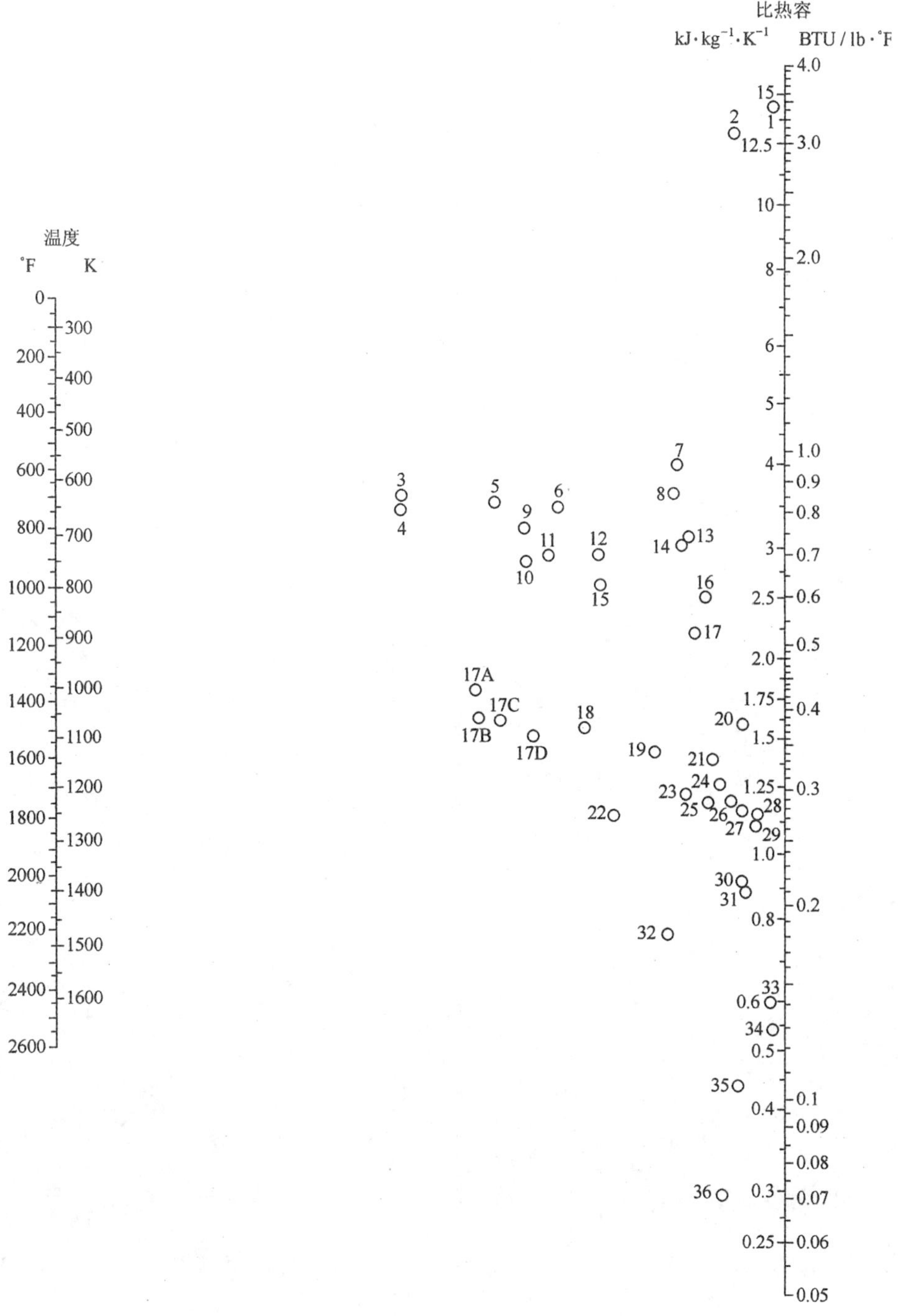

气体比热容共线图中的编号

编号	气　　体	温度范围/K	编号	气　　体	温度范围/K
10	乙炔	273～473	1	氢	273～873
15	乙炔	473～673	2	氢	873～1673
16	乙炔	673～1673	35	溴化氢	273～1673
27	空气	273～1673	30	氯化氢	273～1673
12	氨	273～873	20	氟化氢	273～1673
14	氨	873～1673	36	碘化氢	273～1673
18	二氧化碳	273～673	19	硫化氢	273～973
24	二氧化碳	673～1673	21	硫化氢	973～1673
26	一氧化碳	273～1673	5	甲烷	273～573
32	氯	273～473	6	甲烷	573～973
34	氯	473～1673	7	甲烷	973～1673
3	乙烷	273～473	25	一氧化氮	273～973
9	乙烷	473～873	28	一氧化氮	973～1673
8	乙烷	873～1673	26	氮	273～1673
4	乙烯	273～473	23	氧	273～773
11	乙烯	473～873	29	氧	773～1673
13	乙烯	873～1673	33	硫	573～1673
17B	氟利昂-11(CCl_3F)	273～423	22	二氧化硫	273～673
17C	氟利昂-21($CHCl_2F$)	273～423	31	二氧化硫	673～1673
17A	氟利昂-22($CHClF_2$)	278～423	17	水	273～1673
17D	氟利昂-113(CCl_2F-$CClF_2$)	273～423			

十五、液体比热容共线图

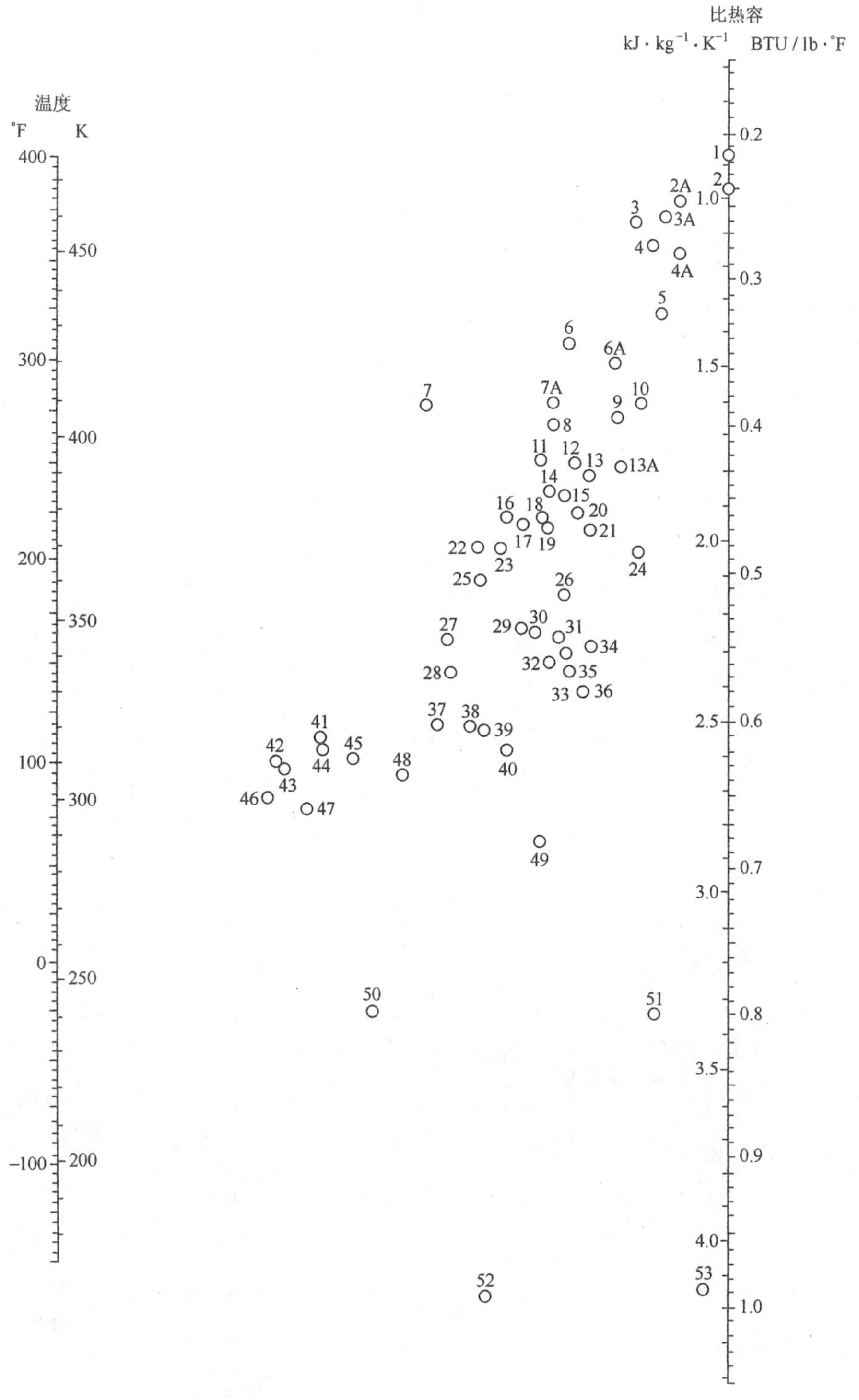
温度
°F K
400
450
300
400
200
350
100
300
0
250
-100
200
比热容
kJ · kg⁻¹ · K⁻¹ BTU / lb · °F
0.2
1.0
0.3
1.5
0.4
2.0
0.5
2.5
0.6
0.7
3.0
0.8
3.5
0.9
4.0
1.0
1 2 2A 3 3A 4 4A 5 6 6A 7 7A 8 9 10 11 12 13 13A 14 15 16 17 18 19 20 21 22 23 24 25 26 27 28 29 30 31 32 33 34 35 36 37 38 39 40 41 42 43 44 45 46 47 48 49 50 51 52 53

液体比热容共线图中的编号

编号	液　　体	温度范围/℃	编号	液　　体	温度范围/℃
29	100%醋酸	0～80	7	碘乙烷	0～100
32	丙酮	20～50	39	乙二醇	−40～200
52	氨	−70～50	2A	氟利昂-11(CCl_3F)	−20～70
37	戊醇	−50～25	6	氟利昂-12(CCl_2F_2)	−40～15
26	乙酸戊酯	0～100	4A	氟利昂-21($CHCl_2F$)	−20～70
30	苯胺	0～130	7A	氟利昂-22($CHClF_2$)	−20～60
23	苯	10～80	3A	氟利昂-113(CCl_2F-$CClF_2$)	−20～70
27	苯甲醇	−20～30	38	三元醇	−40～20
10	卡基氧	−30～30	28	庚烷	0～60
49	25% $CaCl_2$ 盐水	−40～20	35	己烷	−80～20
51	25% NaCl 盐水	−40～20	48	30%盐酸	20～100
44	丁醇	0～100	41	异戊醇	10～100
2	二硫化碳	−100～25	43	异丁醇	0～100
3	四氯化碳	10～60	47	异丙醇	−20～50
8	氯苯	0～100	31	异丙醚	−80～20
4	三氯甲烷	0～50	40	甲醇	−40～20
21	癸烷	−80～25	13A	氯甲烷	−80～20
6A	二氯乙烷	−30～60	14	萘	90～200
5	二氯甲烷	−40～50	12	硝基苯	0～100
15	联苯	80～120	34	壬烷	−50～125
22	二苯甲烷	80～100	33	辛烷	−50～25
16	二苯醚	0～200	3	过氯乙烯	−30～140
16	道舍姆 A(Dowtherm A)	0～200	45	丙醇	−20～100
24	乙酸乙酯	−50～25	20	吡啶	−51～25
42	100%乙醇	30～80	9	98%硫酸	10～45
46	95%乙醇	20～80	11	二氧化硫	−20～100
50	50%乙醇	20～80	23	甲苯	0～60
25	乙苯	0～100	53	水	−10～200
1	溴乙烷	5～25	19	二甲苯(邻位)	0～100
13	氯乙烷	−80～40	18	二甲苯(间位)	0～100
36	乙醚	−100～25	17	二甲苯(对位)	0～100

十六、液体比汽化热共线图

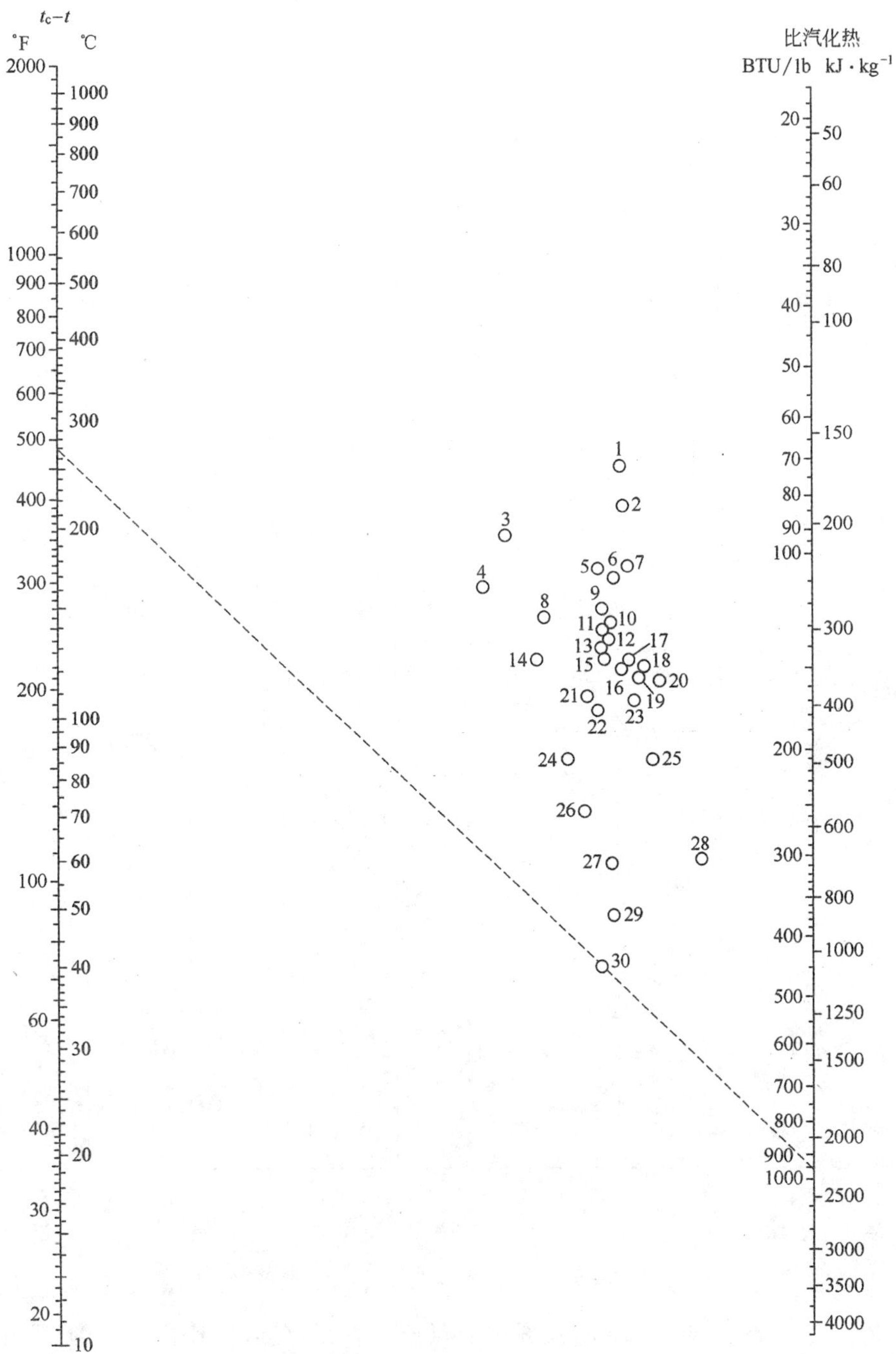

液体比汽化热共线图中的编号

编号	液　　体	t_c/℃	t_c-t/℃	编号	液　　体	t_c/℃	t_c-t/℃
30	水	374	100～500	7	三氯甲烷	263	140～270
29	氨	133	50～200	2	四氯化碳	283	30～250
19	一氧化氮	36	25～150	17	氯乙烷	187	100～250
21	二氧化碳	31	10～100	13	苯	289	10～400
4	二硫化碳	273	140～275	3	联苯	527	175～400
14	二氧化硫	157	90～160	27	甲醇	240	40～250
25	乙烷	32	25～150	26	乙醇	243	20～140
23	丙烷	96	40～200	24	丙醇	264	20～200
16	丁烷	153	90～200	13	乙醚	194	10～400
15	异丁烷	134	80～200	22	丙酮	235	120～210
12	戊烷	197	20～200	18	醋酸	321	100～225
11	己烷	235	50～225	2	氟利昂-11	198	70～225
10	庚烷	267	20～300	2	氟利昂-12	111	40～200
9	辛烷	296	30～300	5	氟利昂-21	178	70～250
20	一氯甲烷	143	70～250	6	氟利昂-22	96	50～170
8	二氯甲烷	216	150～250	1	氟利昂-113	214	90～250

用法举例：求水在 $t=100$ ℃时的比汽化热，从表中查得水的编号为 30，又查得水的临界温度 $t_c=374$ ℃，故得 $t_c-t=374-100=274$ ℃，在前页共线图的 t_c-t 标尺上定出 274 ℃的点，与图中编号为 30 的圆圈中心点连一直线，延长到比汽化热的标尺上，读出交点读数为 2260 kJ/kg。

十七、管子规格

1. 低压流体输送用焊接钢管规格(GB 3091—93,GB 3092—93)

公称直径		外径	壁厚/mm		公称直径		外径	壁厚/mm	
mm	in	/mm	普通管	加厚管	mm	in	/mm	普通管	加厚管
6	⅛	10.0	2.00	2.50	40	1½	48.0	3.50	4.25
8	¼	13.5	2.25	2.75	50	2	60.0	3.50	4.50
10	⅜	17.0	2.25	2.75	65	2½	75.5	3.75	4.50
15	½	21.3	2.75	3.25	80	3	88.5	4.00	4.75
20	¾	26.8	2.75	3.50	100	4	114.0	4.00	5.00
25	1	33.5	3.25	4.00	125	5	140.0	4.50	5.50
32	1¼	42.3	3.25	4.00	150	6	165.0	4.50	5.50

注:(1) 本标准适用于输送水、煤气、空气、油和取暖蒸汽等一般较低压力的流体。

(2) 表中的公称直径系近似内径的名义尺寸,不表示外径减去两个壁厚所得的内径。

(3) 钢管分镀锌钢管(GB 3091—93)和不镀锌钢管(GB 3092—93),后者简称黑管。

2. 普通无缝钢管(GB 8163-87)

1) 热轧无缝钢管(摘录)

外径	壁厚/mm		外径	壁厚/mm		外径	壁厚/mm	
/mm	从	到	/mm	从	到	/mm	从	到
32	2.5	8	76	3.0	19	219	6.0	50
38	2.5	8	89	3.5	(24)	273	6.5	50
42	2.5	10	108	4.0	28	325	7.5	75
45	2.5	10	114	4.0	28	377	9.0	75
50	2.5	10	127	4.0	30	426	9.0	75
57	3.0	13	133	4.0	32	450	9.0	75
60	3.0	14	140	4.5	36	530	9.0	75
63.5	3.0	14	159	4.5	36	630	9.0	(24)
68	3.0	16	168	5.0	(45)			

注:壁厚系列有 2.5 mm、3 mm、3.5 mm、4 mm、4.5 mm、5 mm、5.5 mm、6 mm、6.5 mm、7 mm、7.5 mm、8 mm、8.5 mm、9 mm、9.5 mm、10 mm、11 mm、12 mm、13 mm、14 mm、15 mm、16 mm、17 mm、18 mm、19 mm、20 mm 等;括号内尺寸不推荐使用。

2）冷拔（冷轧）无缝钢管

冷拔无缝钢管质量好，可以得到小直径管，其外径可为 6～200 mm，壁厚为 0.25～14 mm，其中最小壁厚及最大壁厚均随外径增大而增加，系列标准可参阅有关手册。

3）热交换器用普通无缝钢管（摘自 GB 9948-88）

外径/mm	壁厚/mm	外径/mm	壁厚/mm
19	2,2.5	57	4,5,6
25	2,2.5,3	89	6,8,10,12
38	3,3.5,4		

十八、常用泵的规格

1. IS型单级单吸离心泵规格（摘录）

泵型号	流量 $/m^3 \cdot h^{-1}$	扬程 /m	转速 $/r \cdot min^{-1}$	汽蚀余量 /m	泵效率 /%	功率/kW	
						轴功率	配带功率
IS50-32-125	7.5	22	2900		47	0.96	2.2
	12.5	20	2900	2.0	60	1.13	2.2
	15	18.5	2900		60	1.26	2.2
	3.75		1450				0.55
	6.3	5	1450	2.0	54	0.16	0.55
	7.5		1450				0.55
IS50-32-160	7.5	34.3	2900		44	1.59	3
	12.5	32	2900	2.0	54	2.02	3
	15	29.6	2900		56	2.16	3
	3.75		1450				0.55
	6.3	8	1450	2.0	48	0.28	0.55
	7.5		1450				0.55
IS50-32-200	7.5	525	2900	2.0	38	2.82	5.5
	12.5	50	2900	2.0	48	3.54	5.5
	15	48	2900	2.5	51	3.84	5.5
	3.75	13.1	1450	2.0	33	0.41	0.75
	6.3	12.5	1450	2.0	42	0.51	0.75
	7.5	12	1450	2.5	44	0.56	0.75

续表

泵型号	流量 /m³·h⁻¹	扬程 /m	转速 /r·min⁻¹	汽蚀余量 /m	泵效率 /%	功率/kW	
						轴功率	配带功率
IS50-32-250	7.5	82	2900	2.0	28.5	5.67	11
	12.5	80	2900	2.0	38	7.16	11
	15	78.5	2900	2.5	41	7.83	11
	3.75	20.5	1450	2.0	23	0.91	15
	6.3	20	1450	2.0	32	1.07	15
	7.5	19.5	1450	2.5	35	1.14	15
IS65-50-125	15	21.8	2900	2.0	58	1.54	3
	25	20	2900		69	1.97	3
	30	18.5	2900		68	2.22	3
	7.5	5	1450	2.0	64	0.27	0.55
	12.5		1450				0.55
	15		1450				0.55
IS65-50-160	15	35	2900	2.0	54	2.65	5.5
	25	32	2900	2.0	65	3.35	5.5
	30	30	2900	2.5	66	3.71	5.5
	7.5	8.8	1450	2.0	50	0.36	0.75
	12.5	8.0	1450	2.0	60	0.45	0.75
	15	7.2	1450	2.5	60	0.49	0.75
IS65-40-200	15	63	2900	2.0	40	4.42	7.5
	25	50	2900	2.0	60	5.67	7.5
	30	47	2900	2.5	61	6.29	7.5
	7.5	13.2	1450	2.0	43	0.63	1.1
	12.5	12.5	1450	2.0	66	0.77	1.1
	15	11.8	1450	2.5	57	0.85	1.1
IS65-40-250	15	80	2900	2.0	63	10.3	15
	25		2900				15
	30		2900				15
IS65-40-315	15	127	2900	2.5	28	18.5	30
	25	125	2900	2.5	40	21.3	30
	30	123	2900	3.0	44	22.8	30

续表

泵型号	流量/$m^3 \cdot h^{-1}$	扬程/m	转速/$r \cdot min^{-1}$	汽蚀余量/m	泵效率/%	功率/kW	
						轴功率	配带功率
IS80-65-125	30	22.5	2900	3.0	64	2.87	5.5
	50	20	2900	3.0	75	3.63	5.5
	60	18	2900	3.5	74	3.93	5.5
	15	5.6	1450	2.5	55	0.42	0.75
	25	5	1450	2.5	71	0.48	0.75
	30	4.5	1450	3.0	72	0.51	0.75
IS80-65-160	30	36	2900	2.5	61	4.82	7.5
	50	32	2900	2.5	73	5.97	7.6
	60	29	2900	3.0	72	6.59	7.5
	15	9	1450	2.5	66	0.67	1.5
	25	8	1450	2.5	69	0.75	1.5
	30	7.2	1450	3.0	68	0.86	1.5
IS80-50-200	30	53	2900	2.5	55	7.87	15
	50	50	2900	2.5	69	9.87	15
	60	47	2900	3.0	71	10.8	15
	15	13.2	1450	2.5	51	1.06	2.2
	25	12.5	1450	2.5	65	1.31	2.2
	30	11.8	1450	3.0	67	1.44	2.2
IS80-50-160	30	84	2900	2.5	52	13.2	22
	50	80	2900	2.5	63	17.3	22
	60	75	2900	3.0	64	19.2	22
IS80-50-250	30	84	2900	2.5	52	13.2	22
	50	80	2900	2.5	63	17.3	22
	60	75	2900	3.0	64	19.2	22
IS80-50-315	30	128	2900	2.5	41	25.5	37
	50	125	2900	2.5	54	31.5	37
	60	123	2900	3.0	57	35.3	37
IS100-80-125	60	24	2900	4.0	67	5.86	11
	100	20	2900	4.5	78	7.00	11
	120	16.5	2900	5.0	74	7.28	11

2. Y型离心油泵(摘录)

泵型号	流量 /m^3·h^{-1}	扬程 /m	转速 /r·min^{-1}	允许汽蚀余量 /m	泵效率 /%	功率/kW	
						轴功率	电机功率
50Y60	13.0	67	2950	2.9	38	6.24	7.5
50Y60A	11.2	53	2950	3.0	35	4.68	7.5
50Y60B	9.9	39	2950	2.8	33	3.18	4
50Y60×2	12.5	120	2950	2.4	34.5	11.8	15
50Y60×2A	12	105	2950	2.3	35	9.8	15
50Y60×2B	11	89	2950	2.25	32	8.35	11
65Y60	25	60	2950	3.05	50	8.18	11
65Y60A	22.5	49	2950	3.0	49	6.13	7.5
65Y60B	20	37.5	2950	2.7	47	4.35	5.5
65Y100	25	110	2950	3.2	40	18.8	22
65Y100A	23	92	2950	3.1	39	14.75	18.5
65Y100B	21	73	2950	3.05	40	10.45	15
65Y100×2	25	200	2950	2.85	42	35.8	45
65Y100×2A	23	175	2950	2.8	41	26.7	37
65Y100×2B	22	150	2950	2.75	42	21.4	30
80Y60	50	58	2950	3.2	56	14.1	18.5
80Y100	50	100	2950	3.1	51	26.6	37
80Y100A	45	85	2950	3.1	52.5	19.9	30
80Y100×2	50	200	2950	3.6	53.5	51	75
80Y100×2A	47	175	2950	3.5	50	44.8	55
80Y100×2B	43	153	2950	3.35	51	35.2	45
80Y100×2C	40	125	2950	3.3	49	27.8	37

3. F型耐腐蚀泵

泵型号	流量 /m^3·h^{-1}	扬程 /m	转速 /r·min^{-1}	汽蚀余量 /m	泵效率 /%	功率/kW	
						轴功率	配带功率
25F-16	3.60	16.00	2960	4.30	30.00	0.523	0.75
25F-16A	3.27	12.50	2960	4.30	29.00	0.39	0.55
40F-26	7.20	25.50	2960	4.30	44.00	1.14	1.50
40F-26A	6.55	20.00	2960	4.30	42.00	0.87	1.10
50F-40	14.4	40	2900	4	44	3.57	7.5

续表

泵型号	流量/$m^3 \cdot h^{-1}$	扬程/m	转速/$r \cdot min^{-1}$	汽蚀余量/m	泵效率/%	功率/kW 轴功率	功率/kW 配带功率
50F-40A	13.1	32.5	2900	4	44	2.64	7.5
50F-16	14.4	15.7	2900		62	0.99	1.5
50F-16A	13.1	12	2900			0.69	1.1
65F-16	28.8	15.7	2900			0.69	
65F-16A	26.2	12	2900			1.65	2.2
100F-92	94.3	92	2900	6	64	39.5	55.0
100F-92A	88.6	80				32.1	40.0
100F-92B	100.8	70.5				26.6	40.0
150F-56	190.8	55.5	2900	6	67	43	55.0
150F-56A	170.2	48				34.8	45.0
150F-56B	167.8	42.5				29	40.0
150F-22	190.8	22	2900	6	75	15.3	30.0
150F-22A	173.5	17.5				11.3	17.0

十九、4-72-11 型离心通风机规格(摘录)

机　号	转速/$r \cdot min^{-1}$	全压/kPa	流量/$m^3 \cdot h^{-1}$	效率/%	所需功率/kW
6C	2240	2.4321	15800	91	14.1
6C	2000	1.9418	14100	91	10.0
	1800	1.5691	12700	91	7.3
	1250	0.7551	8800	91	2.53
	1000	0.4805	7030	91	1.39
	800	0.2942	5610	91	0.73
8C	1800	2.795	29900	91	30.8
	1250	1.3436	20800	91	10.3
	1000	0.8630	16600	91	5.52
	630	0.3432	10480	91	1.51
10C	1250	2.2262	41300	94.3	32.7
	1000	1.4220	32700	94.3	16.5
	800	0.9121	26130	94.3	8.5
	500	0.3531	16390	94.3	2.3

续表

机　　号	转速 /r·min^{-1}	全压 /kPa	流量 /m^3·h^{-1}	效率 /%	所需功率 /kW
6D	1450	1.9614	20130	89.5	14.2
	960	0.4413	6720	91	1.32
8D	1450	1.9614	20130	89.5	14.2
	730	0.4904	10150	89.5	2.06
16D	900	2.9421	121000	94.3	127
20B	710	2.8440	186300	94.3	190

二十、管板式热交换器系列标准(摘录)

1. 固定管板式(代号 G)

公称直径/mm		159			273					400				600		800			
公称压力	kgf/cm^2	25			25					16,25				10,16,25		6,10,16,25			
	kPa*	2.45×10^3			2.45×10^3					1.57×10^3 2.45×10^3				0.981×10^3 1.57×10^3 2.45×10^3		0.588×10^3 0.981×10^3 1.57×10^3 2.45×10^3			
公称面积/m^2		1	2	3	3	4		5	7	10		20	40	60	120	100		200	300
管长/m		1.5	2	3	1.5	1.5	2	2	3	1.5		3	6	3	6	3		6	6
管子总数		13	13	13	32	38	32	38	32	102	86	86	86	269	254	456	444	444	500
管程数		1	1	1	2	1	2	1	2	2	4	4	4	1	2	4	6	6	1
壳程数		1	1	1	1	1	1	1	1	1	1	1	1	1	1	1	1	1	1
管子尺寸/mm	碳钢	φ25×2.5			φ25×2.5					φ25×2.5				φ25×2.5		φ25×2.5			
	不锈钢	φ25×2			φ25×2					φ25×2				φ25×2		φ25×2			
管子排列方法		△**			△					△				△		△			

* 以 kPa 表示的公称压力为编者按原系列标准中的 kgf/cm^2 换算来的。

** △表示管子为正三角形排列。

2. 浮头式(代号 F)

公称直径/mm		325	400	500	600	700	800
公称压力	kgf/cm^2	40	40	16,25,40	16,25,40	16,25,40	25
	kPa*	3.92×10^3	3.92×10^3	1.57×10^3 2.45×10^3 3.92×10^3	1.57×10^3 2.45×10^3 3.92×10^3	1.57×10^3 2.45×10^3 3.92×10^3	2.45×10^3
公称面积/m^2		10	25		130	185	245
管长/m		3	3	6	6	6	6
管子尺寸/mm		φ19×2	φ19×2	φ19×2	φ19×2	φ19×2	φ19×2
管子总数		76	138	228(224)**	372(368)	528(528)	700(696)
管程数		2	2	2(4)	2(4)	2(4)	2(4)
实际面积/m^2		13.2	24	79	131	186	245
管子排列方法		△***	△	△	△	△	△

* 以 kPa 表示的公称压力为编者按原系列标准中的 kgf/cm^2 换算来的。

** 括号内的数据为四管程的总管数。

*** △表示管子为正三角形排列,管子中心距为 25 mm。

二十一、板式塔塔板结构参数

1. 单流型整块式塔板的堰长、弓形宽及降液管总面积的推荐值

D	D_1		l_w/D_1					塔板结构型式	
			0.6	0.65	0.7	0.75	0.8		
300	274	l_w	164.4	178.1	191.8	205.5	219.2	定距管支撑式	整块式塔板
		W_d	21.4	26.9	33.2	40.4	48.8		
		A_f	20.9	29.2	39.7	52.8	69.3		
		A_f/A_T	0.0296	0.0413	0.0562	0.0747	0.0980		
350	324	l_w	194.4	210.6	225.8	243	259.2		
		W_d	26.4	32.9	40.3	48.8	58.8		
		A_f	31.1	43	57.9	76.4	100		
		A_f/A_T	0.0323	0.0474	0.0635	0.0833	0.1085		
400	374	l_w	224.4	243.1	261.8	280.5	299.2		
		W_d	31.4	38.9	47.5	57.3	68.8		
		A_f	43.4	59.6	79.8	104.7	136.3		
		A_f/A_T	0.0345	0.0474	0.0635	0.0833	0.1085		

续表

D	D_1		l_w/D_1					塔板结构型式	
			0.6	0.65	0.7	0.75	0.8		
450	424	l_w	254.4	275.6	296.8	318	339.2	定距管支撑式	整块式塔板
		W_d	36.4	44.9	54.6	65.8	78.8		
		A_f	57.7	78.8	104.7	137.3	178.1		
		A_f/A_T	0.0363	0.0495	0.0658	0.0863	0.1120		
500	474	l_w	284.4	308.1	331.8	255.5	379.2	重叠式	
		W_d	41.4	50.9	61.8	74.2	88.8		
		A_f	74.3	100.6	33.4	174	225.5		
		A_f/A_T	0.0378	0.0512	0.0379	0.0886	0.1148		
600	568	l_w	340.8	369.2	397.6	426	454.4		
		W_d	50.8	62.2	75.2	90.1	107.6		
		A_f	110.7	148.8	196.4	255.4	329.7		
		A_f/A_T	0.0392	0.0526	0.0695	0.0903	0.1202		
700	668	l_w	400.8	434.2	467.6	501	534.4		
		W_d	60.8	74.2	75.2	107	127.6		
		A_f	157.5	210.9	196.4	358.9	462.7		
		A_f/A_T	0.0409	0.0719	0.0695	0.0903	0.1202		
800	768	l_w	460.8	499.2	537.6	576	614.4		
		W_d	70.8	86.2	102.8	124	147.6		
		A_f	212.3	283.2	371.2	480.3	617.2		
		A_f/A_T	0.0422	0.0563	0.0738	0.0956	0.1228		
900	868	l_w	520.8	564.2	607.6	651	694.4		
		W_d	80.8	98.2	118.1	140.9	167.6		
		A_f	275.1	366.6	479.4	619.2	794.8		
		A_f/A_T	0.0432	0.0576	0.0754	0.0973	0.1249		

注：(1) D_1 为碳钢塔板圈内径，单位为 mm；D 为塔内径，单位为 mm；l_w 为堰长，单位为 mm；A_f 为降液管总面积，单位为 cm^2；A_T 为塔截面积，单位为 cm^2；W_d 为弓形宽，单位为 mm。

(2) W_d 值按塔板圈内壁至降液管内壁的距离为 6 mm 计算而得。

2. 单流型分块式塔板的堰长、弓形宽及降液管总面积的推荐值

塔径 D/mm		l_w/D									
		0.592	0.655	0.68	0.705	0.727	0.745	0.764	0.78	0.809	0.837
		A_f/A_T									
		5%	7%	8%	9%	10%	11%	12%	13%	15%	17%
800	l_w	474	524	544	564	582	596	611	624	648	670
	W_d	78	98	107	116	124	134	142	150	166	181
	A_f	251.3	351.8	402.1	452.3	502.7	552.9	603.2	653.5	754	854.5
1000	l_w	592	655	680	705	727	745	764	780	810	837
	W_d	97	122	134	146	155	167	178	188	207	226
	A_f	392.7	549.5	628.3	706.9	785.4	863.9	942.4	1021	1178.1	1335.2
1200	l_w	711	786	816	846	872	894	917	936	972	1064
	W_d	117	147	161	175	186	200	214	226	248	271
	A_f	565.5	791.7	904.8	1917.9	1131	1244.1	1357.2	1470.3	1696.5	1922.7
1400	l_w	829	917	952	987	1018	1043	1069	1092	1134	1171.8
	W_d	136	171	188	204	217	234	249	263	290	316
	A_f	769.7	1007.6	1231.5	1385.4	1539.4	1693.3	1847.3	2001.2	2309.7	2617
1600	l_w	947	1048	1088	1128	1163	1192	1222	1248	1296	1339
	W_d	156	196	214	233	246	267	285	301	331	362
	A_f	1005.3	1407.4	1608.4	1809.5	2010.6	2211.7	2412.7	2613.8	3015.9	3418
1800	l_w	1066	1179	1224	1269	1309	1341	1375	1404	1458	1507
	W_d	175	220	241	262	279	301	320	338	373	407
	A_f	1272.3	1781.3	2035.7	2290.2	2544.7	2799.2	3053.6	3308.1	3817	4325.9
2000	l_w	1184	1310	1360	1410	1454	1490	1528	1560	1620	1674
	W_d	175	245	368	291	310	334	350	376	414	452
	A_f	1570.8	2199	2513.3	2827.4	3141.6	3455.8	3769.9	4084.1	4712.4	5354
2200	l_w	1303	1441	1496	1551	1599	1639	1682	1716	1782	1841
	W_d	214	269	295	320	341	367	392	414	455	497
	A_f	1900.7	2660.9	3041.1	3421.2	3801.3	4181.5	4561.6	4941.7	5702	6462.3
2400	l_w	1421	1572	1632	1697	1745	1788	1834	1872	1944	2009
	W_d	234	294	322	349	372	401	427	451	497	542
	A_f	2261.9	3166.7	3619.1	4071.5	4523.9	4976.3	5428.7	5881.1	6785.8	7690.6

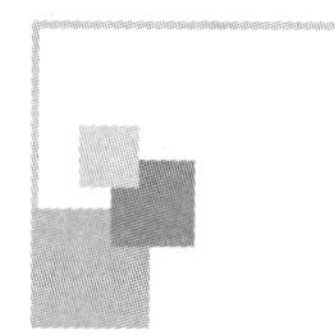

参考文献

[1] 吴俊,宋孝勇,韩粉女,等. 化工原理课程设计[M]. 上海:华东理工大学出版社,2011.

[2] 柴诚敬,刘国维,李阿娜. 化工原理课程设计[M]. 天津:天津科学技术出版社,1994.

[3] 唐伦成. 化工原理课程设计简明教程[M]. 哈尔滨:哈尔滨工程大学出版社,1999.

[4] 贾绍义,柴诚敬. 化工原理课程设计[M]. 天津:天津大学出版社,2002.

[5] 陈英南,刘玉兰. 常用化工单元设备的设计[M]. 2 版. 上海:华东理工大学出版社,2017.

[6] 张洪流,张茂润. 化工单元操作设备设计[M]. 上海:华东理工大学出版社,2011.

[7] 刘雪暖,汤景凝. 化工原理课程设计[M]. 东营:石油大学出版社,2001.

[8] 柴诚敬,张国亮. 化工流体流动与传热[M]. 2 版. 北京:化学工业出版社,2007.

[9] 娄爱娟,吴志泉,吴叙美. 化工设计[M]. 上海:华东理工大学出版社,2002.

[10] 关醒凡. 现代泵理论与设计[M]. 北京:中国宇航出版社,2011.

[11] 王国轩,陈静. 石油化工装置用泵选用手册[M]. 北京:机械工业出版社,2005.

[12] 解怀仁,杨彬彦. 石油化工仪表控制系统选用手册[M]. 北京:中国石化出版社,2004.

[13] 蔡爱妹,黄正林. 国内外工业管道标准法规比较手册[M]. 2 版. 北京:中国标准出版社,2008.

[14] 夏青,陈常贵. 化工原理(上册)[M]. 2 版. 北京:化学工业出版社,2005.

[15] 赵军,胡寿根,王晓宁,等. 气力输送管路系统的流动特性与节能研究[J]. 流体机械,2005,133(12):31-35.

[16] 吴玮,严忠民. 多分支管道若干流动特性研究[J]. 河海大学学报(自然科学版),2004,32(3):18-23.